国际内衣设计制板与工艺

Lingerie Design

A Complete Course

（英）帕梅拉·鲍威尔（Pamela Powell） 著

方方 译

东华大学出版社·上海

图书在版编目（CIP）数据

国际内衣设计制板与工艺/（英）帕梅拉·鲍威尔(Pamela Powell) 著；方方译. — 上海：东华大学出版社，2021.2

书名原文：Lingerie Design

ISBN 978-7-5669-1848-2

Ⅰ.①国… Ⅱ.①帕… ②方… Ⅲ.①内衣－服装设计 Ⅳ.①TS941.713

中国版本图书馆CIP数据核字(2021)第003021号

本书简体中文版由 Laurence King Publishing Ltd 授予东华大学出版社有限公司独家出版，任何人或者单位不得转载、复制，违者必究！

合同登记号：09-2015-1102

责任编辑　谢　未
装帧设计　王　丽

国际内衣设计制板与工艺
Guoji Neiyi Sheji Zhiban yu Gongyi

著　者：（英）帕梅拉·鲍威尔

译　者：方方

出　版：东华大学出版社

（上海市延安西路1882号　邮政编码：200051）

出版社网址：dhupress.dhu.edu.cn

天猫旗舰店：http://dhdx.tmall.com

营销中心：021-62193056　62373056　62379558

印　刷：深圳市彩之欣印刷有限公司

开　本：889 mm×1194 mm　1/16

印　张：18.75

字　数：660千字

版　次：2021年2月第1版

印　次：2021年2月第1次印刷

书　号：ISBN 978-7-5669-1848-2

定　价：98.00元

Lingerie Design

A Complete Course

Pamela Powell

目 录

　　1816年，安东尼·杜赛和他的妻子阿黛尔·吉拉德在巴黎和平街开了一家内衣服饰店。他们把这间生意兴隆的店铺传给了他们的儿子爱德华·杜赛，爱德华又在儿子雅克20岁生日前，将这间店传给了他。1874年，雅克·杜赛在他祖父母留下的这间店铺旁开设了自己的时装沙龙。1907年，玛德琳·维奥内特加入了杜赛，她设计的第一个系列是一条灵感来源于内衣的礼服裙，这条没有紧身内衣束缚的裙子可以在公开场合穿着。她的灵感来自于17和18世纪的绘画。这些无束缚的礼服裙采用精致的、色彩柔和的薄绸、缎纹和闪光的真丝面料，装饰着刺绣、蕾丝、细褶、荷叶边和丝带。然而，紧身内衣依然最流行。

　　19世纪90年代，达夫·高登夫人在伦敦开了一家名为Maison Lucile的店铺。这家店以出售内衣、宽松女服、晚礼服而出名，一些礼服是根据着装者的个人特点而设计的。她将女性从束缚的紧身内衣和裙撑中解放出来，展现了她穿衣需要"释放内在"的理念，这让她的设计既具有革命意义又让人感到害羞。Maison Lucile店里设计的晚礼服和内衣使用裸色的雪纺和多层蕾丝，并用彩带和鲜花做装饰，旨在表现女性的隐私，并允许他人窥探一个女人的灵魂。达夫·高登夫人的服装被英国社会的女士们认为是时髦的必备品，她的设计被第一次世界大战前那段美好时代中最迷人的女人们穿着，从伦敦、巴黎到纽约和芝加哥。今天，Lucile时装店已经由达夫·高登夫人的玄孙女卡米拉·布洛瓦重振雄风，成为一个具有独特文化传承的英国奢侈内衣品牌。

　　琳赛·布德罗是一位法国移民，她被视为第一位专业的内衣设计师，并于1912年在美国开了第一家短裤公司。遗憾的是，公司在一年内就关闭了，但在此之前，它已经在内衣制造业树立了先例。布德罗不仅创造和

内衣与基础衣简史（1850—）

纵观几百年，内衣一直肩负着两大功能：从最初的提供遮挡、舒适、保暖功能，到后来作为基础衣穿着在外套里面，起到塑造和支撑人体的作用，并调整到时下最理想的廓型。内衣跟随时尚潮流不断地演变和改进，并且随着新材料和服饰店的出现而不断发展。尽管内衣很隐蔽，但人们对它们的关注度毫不逊于外衣，经常结合技艺精湛的手绣、刺绣等装饰手法。

直到19世纪，内衣才成为可以公开谈论的时尚话题。在19世纪50年代晚期，内衣开始陈列于店面中，并且随着摄影技术的出现和广告的传播，内衣的视觉影像越来越普遍。而在此之前，人们羞于谈论内衣。今天，内衣从之前的"羞涩"变成一种"魅惑"，充满魅力的性感面料和款式成为内衣的重要部分。

左页图　一位正在梳妆打扮的巴黎女士，20世纪初

变革了内衣产业，还为今天的高档内衣商店打下了基础。

20世纪30年代的内衣充满好莱坞风情，到40年代时，在紧身毛衣下穿着一件子弹头样文胸的海报女郎风格内衣风靡一时。

20世纪60年代和70年代，珍妮特·瑞格尔成为最受欢迎的时尚内衣设计师，她生产纯手工制作的内衣，以蕾丝和贴花做装饰。她的设计大胆，在当时甚至被认为有伤风化，但却穿着舒适，且具有功能性。她开创了一个新的内衣业务——嫁衣，并且名流趋之若鹜。

20世纪80年代，奢华的真丝内衣依然只能穿在正式服装之下，然而，1983年，让·保罗·高缇耶发布了他"内衣外穿"的春夏系列。这个潮流在20世纪90年代之后被范思哲延续，他设计了内衣风格的外衣。直到今天，内衣和外衣之间的界限依旧模糊，但是内衣仍然是一个重要的市场。

紧身胸衣和其向束腰的演变

在16世纪前50年的西班牙或意大利，当那时的毛毡、绑带子的上衣开始用鲸鱼骨、牛角质和硬麻布等这些硬质材料进行加固时，紧身胸衣诞生了。胸衣的"支架"或者前面的钢丝往往是一根鲸鱼骨，最初放在前片基础上衣的下面，使得长袍下的前片外观平整；后来在四周增加了更多的鲸鱼骨来进一步固定形状。这些服装被称为鲸鱼骨支撑体，作为一个专业术语，用来表示塑型的服装。

以体型变化为潮流的时尚要求把身体塑造成不同的廓型，并不断地更新材料，例如1810年引入的钢骨架。直到20世纪早期，紧身内衣仍然被大多数女性以各种形式穿着。到20世纪60年代，一些年纪较大的或者渴望控制体重增加的女性还会穿紧身衣。直到今天，依然有人对它们着迷。

然而，普通大众对身体形态的控制并没有完全结束。到20世纪早期，苗条的体型开始流行，人们更少强调身体的上半部分，出现了一种从腰到大腿根部并包裹住整个臀部的束腰紧身衣。这种紧身衣是束腰的前身。束

左页图　法国卡尔瓦多斯的女士着便装，1910年

上图　达夫·高登女士在Maison Lucile店铺

腰是一种刚性的、塑造体型的服装，是20世纪20年代到80年代内衣的主要类型，被每一位体面的女士穿着。

20世纪20年代到30年代期间，束腰像其他紧身内衣一样，最初由橡胶制成，有些甚至被宣传为"减少束缚"，旨在鼓励减肥——让穿着者出汗，服装内部由不透气面料制成，尤其在春夏季节。多孔橡胶紧身内衣，如Charnaux在20世纪20年代末和30年代初发明的那些，可以缓解不透气的问题，并依然受爱好者青睐。

束腰不断发展，并使用了新的弹性面料，例如由美国橡胶公司在1931年开发的橡皮筋（Lastex）。卷式束腰（Roll-ons）由一束橡皮筋缠绕在臀部，不使用其他紧固件。套头式束腰（Step-ins）则部分采用钩眼或拉链进行闭合。环绕式束腰（Wrap-arounds）则在某一边设计了一条长的闭合部位。还有一些内衣使用蕾丝来进一步改变身体轮廓。大多数束腰从腰部长及大腿根部，但是有些束腰和文胸结合成一体。

伴随着今天的复古时尚，束腰又一次成为流行服装。束裤已经演变成由高百分比的氨纶弹力面料制成更舒适的塑型内衣，并添加了梭织插片。

除了束腰紧身衣，其他塑型内衣迎合了各个时代的流行体型出现而又消失。紧身胸衣就是其中之一，它在第二次世界大战之前稍纵即逝，它的短暂出现是为了迎合细腰丰臀的时尚需求，其最终被接受是因为那时服装限制被取消，时尚得以再一次蓬勃发展，并最终在1947年以迪奥的新风貌收腰系列达到顶峰。

紧身内衣的内外穿什么

最初设计穿在紧身内衣内或外面的服装是用来起保护和遮羞作用的，如无袖宽松衬衣、贴身背心、衬裙和衬裤，但随着20世纪早期时尚的不断演变，这些服装品类也随之演变。

无袖宽松衬衣流传于18世纪晚期，最初是女性的贴身内着服装。长度通常到膝盖或者小腿。最初采用亚麻面料制作，后来采用棉。20世纪20年代，随着外裙长度的缩短，它的长度也高及膝盖以上。最后演变成背心，主要被年长者穿着或者在冬季穿。在它的消亡过程中，它逐渐被衬裙所取代。衬裙是一种更合体的内衣，结合了基础上衣和裙子两部分。贴身背心通常把纽扣装在前面，长度齐腰，最初的穿在紧身内衣外面，用来保护外衣不被内衣骨架磨损。它也在20世纪20年代因为紧身内衣塑型部位下移而过时，但在1916年以后，和阔腿短裤组合在一起，创造了一个服装单品称为连衫衬裤（或者连裤紧身内衣）。连衫衬裤可以直接穿进去或者通过两腿间的纽扣开合，是20世纪30年代最流行的内衣，款式更加简洁，配有两根窄肩带。今天的贴身背心再次成为一种单品，通常和法式阔腿裤或宽松裤构成一套，而设计师的工作就是让它们更漂亮、更性感、更短、更贴体。它们也可以当作外衣穿着。

由法兰绒、平纹细布（白棉布）或棉布制成的衬裤在19世纪上半叶被女性采用。最初将两个腿状的衣片缝在腰带上，可能是出于卫生考虑，裆部是打开的。到了19世纪70年代，裆部闭合，部分原因是骑自行车等运动在女性中兴起，这些裤子被称为灯笼裤或者阔腿衬裤，偶尔也称为灯笼衬裤（参考了19世纪中期最初为女性骑自行车而设计的灯笼裤）。到20世纪末，一种新的服装——上下一体式紧身内衣出现了，它将灯笼裤和无袖衬衫结合在一起。与此同时，灯笼裤继续变短，随着裤腿的不断抬高，它们的名字也由Knickerbockers缩短成为knickers。到了20世纪30年代，它们被称为短裤。

左页上图　艾尔登春夏系列的束腰款式图，伊利诺伊州，1955年

左页下图　Bordelle工作室制作的卡里普索海神束腰裙，2015年

上图　20世纪30年代的真丝胸衣和阔腿裤套装

从胸衣到胸罩的演变

在20世纪初，随着紧身内衣越来越短，并从胸部下移到腰臀部，人们为了得体（遮挡胸部）开始穿着胸衣。那时的胸衣有名无实，款式以无袖女衬衣为基础，由棉、亚麻面料和花边制成。直到20世纪20年代，才有将胸部单独分开的胸衣，并被称为胸罩。随着每一次纺织技术的进步，胸罩的制造成长为一个主要产业。弹性可调节肩带、尺码变化的衬垫式罩杯的使用，加上好莱坞的魅力和广告宣传，推动着胸罩开始向我们今天所看到的专业化方向发展。

在20世纪90年代，追随着让·保罗·高缇耶在1983年推出的"内衣外穿"的春夏系列，范思哲设计了"内衣风格"的外衣，薇薇安·韦斯特伍德在1982年3月的"水牛城女孩"（也称为泥浆的怀旧）秋冬服装系列上展示了胸罩穿在外套之上。

创造时尚短裙廓型

随着时间的推移，裙子的廓型随着臀部不同部位的强调在宽度上产生变化。为了满足支撑体量的需要，各种各样的支撑材料应运而生，包括臀部撑垫、裙撑、硬质有箍裙衬和多层衬裙。

无论是多层的还是单层的衬裙，在整个服装史的多个时期，都是裙子的有效支撑件。但在19世纪中期，这样的情况被改变了，那时裙子的围度不断增加，这就需要一个框架来支撑层层叠加的繁重衬裙，这种框架支撑被称为裙撑。裙撑最初使用马鬃沿衬裙水平方向缝制，后来用竹框和鱼骨框替代，最终用弹性钢圈替代。裙撑的出现使得衬裤的使用变得很有必要。

19世纪70年代随着有箍衬裙的去除，最终裙子的体量开始减小，用来支撑裙子体量的裙撑也转移到了后部。

自始至终，衬裙都是直接穿着在外套里面的。当然，为了增加体量，起保暖作用的衬裙也一样穿在外套里面，它们由法兰绒面料制作甚至充棉。20世纪早期，衬裙用色彩鲜艳的真丝面料制作；到了20年代，由裙子和紧身胸衣结合成的公主线分割式衬裙演变成公主线分割式长衬裙，然后变成吊带式长衬裙。20世纪四五十年代，多层衬裙再次出现，以增加裙子的体量。

上图　永久提升胸罩的广告，1951年

右页上图　查理·詹姆士设计的晨衣，1943年

右页下图　2009年电影"Coco Before Chanel"的海报展示了香奈儿的扮演者奥黛丽·塔图穿着著名的睡衣

睡衣的演变

几个世纪以来，睡衣都是由亚麻面料制成的宽松长衬衫，只有亚麻布的质量能显示穿着者的经济地位。19世纪中期出现了成品睡衣，到19世纪末，睡衣开始变得精致起来。到20世纪30年代，睡衣就像晚礼服一样紧贴身体，长度一直拖到地上。

18世纪，晨服和睡衣以宽松包裹式长袍的形式出现。晨服起初是早上梳头时穿的，通常和配套的手套和袜子一起出售，这便是便袍或晨衣的雏形。第一件便袍又长又重，设计于18世纪的法国，纯粹出于实用目的。第二次世界大战以前，晨衣或便袍仍然是在卧室穿着的；直到二战结束后，它们变成性感甚至带点色情意象的内衣。今天的晨衣通常是由缎和蕾丝制成，并与配套的睡袍一起销售。便袍通常采用透明或半透明面料，饰以蕾丝、缎带，甚至皮革。

睡裤在19世纪80年代开始流行，起源于南亚（它的名字来自印地语 pājāma，意思是"遮住腿"），从印度出口回到英格兰。男人穿的睡裤几乎都采用棉质法兰绒和棉质斜纹的条纹面料，这种款式今天依然流行。

女性也将睡裤当睡衣穿，但在20世纪20年代，睡裤转战海滩成为沙滩裤。当然，人们在家附近这样的非正式场合也会穿着。20世纪20年代，可可·香奈儿创造了其自己风格的休闲长裤。20世纪30年代，睡裤的裤腿被缩短加宽，看起来像是短裙，成为晚上在家休闲娱乐时的家居服。然而，家居服和那些用蕾丝装饰和用绸缎面料制作的在睡觉时穿着的睡衣是完全不同的，并没有混淆。

睡裤（宽长裤）最终成为替代睡裙的时髦款式。战争期间，宽长裤越来越流行，加上束腰上衣和窄裤腿，变得更加适合女性。1960年，艾琳·伊勒娜公主设计的宽松女式套服，再一次将晨衣带出了卧室。这样的潮流在今天再次出现，名人在公共场合也会穿宽松长裤。

工具和面辅料

在开始设计内衣之前，必须要了解一些必备工具和材料。可能你已经有了一些基本缝制工具，作为初学者，还有一些其他的必需品。使用正确的针线进行缝纫和选择骨架一样都很重要。

制板工具

纸——可以是有点的纸、海报纸或牛皮纸。最重要的是纸的透明度，透明的纸更容易拓印纸样。

纸剪刀——用来剪纸样，仅用于剪纸制品；剪过纸的剪刀会变钝，不适合剪布料。

直尺和曲线尺——用来绘制纸样。

铅笔——用铅笔绘制纸样，方便随时修改。为了保证纸样的精确性，笔尖需要很尖。

缝纫工具

布剪刀或大剪子——仅用来剪布料。

卷尺——准确测量用。

插针——轻薄面料专用的精细丝绸插针和厚面料所用的强度更大的插针。扔掉那些弯曲或损坏的针。小心针尾那些彩色的塑料小珠子，如果熨烫时烫到，它们会熔化，损坏熨斗底部并在布料上留下印子。

磁铁——收集掉落的插针。

手缝针——刺绣针或针眼很大的针，用来做刺绣或丝带作品，穿珠针用于把珠子缝到服装上。介于两者之间的针，特别适合手缝服装或装饰服装。

缝纫机——工业用和家用的都可以，胸罩和内衣上所有的弹力边需要用三线人字线迹来车缝。

拷边机（锁边）——用来缝纫针织面料和锁边。

熨斗和熨衣板——所有缝纫项目的必备品。

骨架

涤纶骨架不需要外套，可以直接将两端缝在内衣上。它非常轻，这类骨架的一个缺点是它可以在各个方向弯曲，很容易使服装变形。因此，一般将它应用在对外形轮廓要求不高的无肩带胸衣或长礼服衣身下的基础衣。它的优点是可以多片重叠缝制，因此很容易一片垂直，另一片水平交叉缝纫。涤纶骨架也可以和其他骨架一起使用，因为它很容易裁剪和塑型。断口处必须有遮罩或用面料缠绕，这样骨架才不会散开；也可以将其置于火上，让它轻微熔化来防止脱散。

塑料骨架通常是放在一个盒子里出售的，但也可以按长度或按卷买。它是半透明的，强度不是很大。塑料骨架的强度不如紧身绑带，所以容易拉弯变形，往往不美观，而且不能缝入曲线框。由于价格不贵，它们多应用在无肩带的成衣礼服和内衣上。

扁钢骨架和鲸鱼骨是19世纪初内衣骨架的主要材料，偶尔一起使用。今天，这种类型的骨架由弹性不锈钢扁线制成，外层涂覆白色尼龙涂层。它不仅非常耐用，而且涂层还能防止生锈。尽管很容易弯曲，但只能朝一个方向弯曲，纵向长度上无法拉伸，所以它不能缝入曲线框。不过它有满足紧身带所需的强力，这使它成为紧身胸衣制造商和供应商最喜欢的骨架材料。扁钢骨架既可以水洗也可以干洗。

螺旋钢骨架是一种可弯曲的镀锌弹性钢丝，按预切好的长度或按卷出售，有6mm和1.3cm两种宽度。它是一种强度大且弹性好的骨架，可以很容易地朝两个方向弯曲，因此能缝入曲线框。其纵向比较僵硬，两端必须用金属包覆处理。该种骨架可以干洗。

1.1 涤纶骨架
1.2 塑料骨架
1.3 扁钢骨架
1.4 螺旋钢骨架
1.5 胸衣支撑卡扣
1.6 勺型胸衣支撑卡扣
（1.2～1.6出自MacCulloch & Wallis Ltd公司）

1.1

1.2

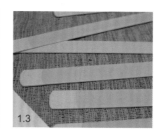
1.3

1.4

胸衣支撑卡扣

胸衣支撑卡扣是放在紧身胸衣前中心上起闭合作用的。一副支撑卡扣由两片长钢片组成，一块钢片上有凸起点，另一块钢片上有孔眼，凸起点和孔眼相扣合来闭合。最初只有不锈钢原色，

现在有了塑料涂层后，它们的颜色多种多样。不同重量和形状的胸衣支撑卡扣按长度出售，越重的弹性越差，但支撑度越好；而像勺子一样曲线型的支撑卡扣和腹部造型相匹配。

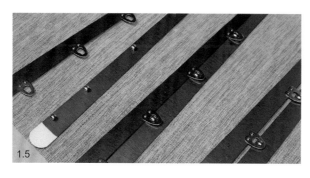
1.5

1.6

面料和花边

根据服装的款式和类型选择正确的面料是很重要的。大多数情况下，内衣都是贴身穿的，必须柔软、不刺激。同时也要考虑面料和服装的护理和洗涤。

对奢华内衣而言，真丝面料依然是个很受欢迎的选择。它的手感柔软凉爽，随着体温很快变暖。真丝面料非常耐用，保型性好，有不同的克重，颜色也很丰富。

人造丝缎看起来很像真丝，价格便宜，容易清洗，所以颇受欢迎。缎纹是一种织物组织而不是纤维，所以人造丝缎是由化学纤维织造而成的机织面料。可以加入弹力氨纶和莱卡®进行混纺来增加织物的弹性。

棉和其他纤维素纤维面料，如黏胶和莫代尔，也是不错的选择，它们手感柔软，富有自然光泽，可以将它们和其他材料混纺来增加织物的柔软性，如和橡胶或者氨纶混纺以提高织物的弹性。纤维素纤维也用于制作花边。

超细纤维由超细涤纶纤维和锦纶纤维混合而成，其中单根纤维比人的头发丝还细100倍或者细度小于1旦尼尔。超细纤维面料有良好的导湿性能，手感柔软，保型性好，很容易清洗和打理，广泛应用于各种类型的内衣上。

弹力网布（Powernet）是一种具有不同克重和强度的弹性织物，由尼龙和氨纶长丝纤维混合而成，它可以双向拉伸而不受磨损。弹力网布包括弹性针织物、弹性带状织物和网格织物，应用于文胸和贴体服装上。

薄纱（Tull）是一种轻薄的细网面料，以尼龙、棉、黏胶，甚至真丝为原料，紧密地纺在一起制成薄纱织物，用来填充或作为支撑辅料。它们也是大部分蕾丝的底布。

蕾丝（Lace）是一种复杂精巧的织物，它没有布纹线，有时加氨纶来获得弹性。蕾丝的种类繁多，从精致的卷轴蕾丝到重磅钩针蕾丝、多结蕾丝、编织蕾丝等。大多数蕾丝都有网状底布和圆齿状花边，可以再缝上丝绸缎带形成额外的纹理。蕾丝有不同的宽度，从精致窄边和镶嵌花边到满地花纹，它们被应用在从胸罩到睡衣的各种内衣上。蕾丝也可以用作贴花或贴边使用。

弹力面料

现在越来越多的机织和针织面料都是由氨纶或莱卡®与其他纤维混纺而成的。两者的区别是，氨纶纤维不含天然乳胶或橡胶，而莱卡®可能都包含。氨纶纤维可以纯纺或者被包裹在其他没有弹性的纱线里。添加了氨纶的服装更加舒适、稳定，保型性好。添加氨纶的针织面料不仅拉伸性能提高，也有助于拉伸后服装的回复。对贴体型服装而言，弹力面料是最佳选择。

为了获得织物在垂直和水平方向上的拉伸量，首先裁剪一块边长20cm的正方形。确保卷尺沿着桌子的边缘稳妥放置，然后用标尺卡或尺子固定面料的两端。夹持住被固定住面料的一端，这端对准固定在桌子上的卷尺一端。沿着卷尺方向水平一直拉伸面料，到变形前，获得最大拉伸量。面料超过其原始长度的拉伸量称为水平拉伸量。

高弹性：拉伸量超过5cm；

中到高弹性：拉伸量2.5～5cm；

中弹性：拉伸量1.3～2.5cm；

低弹性：拉伸量小于1.3cm。

垂直方向（双向弹力织物）的拉伸量采用同样的测量方法。回复率也需要测量，这样才可以确保面料是否回复到初始的长度和宽度。

面料的拉伸百分比必须从样板中减去。面料的拉伸性能可以分为宽度和长度方向，再乘以100%得到面料的拉伸率。即：

$$\frac{拉伸长度}{原始长度} \times 100\% = 面料拉伸率$$

例如：$\frac{2.5cm}{20cm} \times 100 = 12.5\%$

弹性装饰边

弹性装饰边用于胸罩和内衣的制作中，例如衬裙的腰部、三角裤的裤腿处和裤腰处。

弹性装饰边有一边呈扇形，被称为扇形饰边；也可以增加一圈额外的细褶边，这些细褶饰边作为文胸的领围线会非常漂亮。不管是扇形饰边还是细褶饰边，都有很多种颜色选择。虽然也有其他的宽度，但是弹性装饰边最常见的宽度是6mm。

简洁弹性装饰边用在花边和轻透面料的背面，也用在弹力花边上加强和保持花边的稳定性。

弹性装饰带被用在文胸的上下边和三角裤的腿围处。它也有小扇形花边，正面微微闪光，背面经磨绒处理。这些弹性装饰带由氨纶或橡胶制成。

包边弹力装饰带用于长肩带胸罩的背面或无肩带文胸的最上层，也可以用作腰带。其形式广泛，还可以替代打底衣的后片，穿在露背晚礼服里面。

一些包边弹力装饰带顺着它的中心往下，有微小的硅胶珠或橡胶条纹，使服装更紧地贴合皮肤。

折叠弹性装饰带在中间有一条折缝，它沿着这条缝可以折叠，通常包在肩带、领围的毛边外，或者给三角裤的腿围包边，甚至为吊带衫或睡衣的整个后背包边。折叠弹力装饰带也有扇形或者环形的装饰花边。

测量任何一种弹力装饰带的弹性是很重要的。为了测量弹性，需要将弹力带的一边固定在尺子的一头，沿着尺子在弹力带上5cm的地方插针做标记。在尺子的开端固定好弹力带，拉伸弹力带直到插针标记处达到最大拉伸程度，记下标记处的拉伸长度。在增加缝份之前，需要先测量纸样上的腰围和腿围，并用于弹性装饰带。接着从弹性装饰带上减去额外的拉伸长度，从而确定正确的长度。最后再为弹性装饰带上加上缝份量。

腰围-弹力带伸长量=弹力带的长度。

例如：71cm-5cm=66cm。

圆环和调节扣

圆环和调节扣是一起出售的，通常一套里面有两个。它们常用于胸罩和吊带的肩带上，或者任何需要调节带子长度的地方，多由尼龙涂层的金属材料或者塑料制成。

调节锁扣

调节锁扣可以按压锁定，防止肩带下滑，解决了大胸女性经常碰到的肩带下滑问题。滑动锁在铰链打开状态缝在肩带上，通过调节扣将肩带调整到要求的长度后，锁扣吧嗒一声闭合，一排小钝齿紧紧咬住肩带，从而防止调节扣移位。

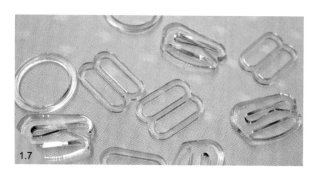
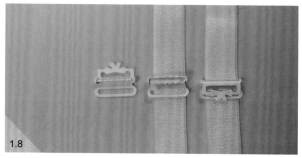

1.7 圆环和调节扣

1.8 调节锁扣

挂钩和钩眼

挂钩和钩眼可以分开购买和缝制，或者可以购买已经缝有挂钩和钩眼的尼龙带或棉布带。可以购买那种用在紧身胸衣或束腰上的一边缝有一排挂钩，另一边缝有一排扣眼的长带。还有一种较短的带子，一边有2、3，或者4个挂钩组成的一排，另一边是多排或者多列钩眼。这种常用在文胸的后背。这些带子根据挂钩和钩眼的距离或者排数来排列。今天市场上的文胸大多采用三排钩眼。

吊带扣

吊带扣也称为裤带夹。它们和吊带、束腰、连接长袜的紧身胸衣搭配使用，有塑料和金属材质两种。

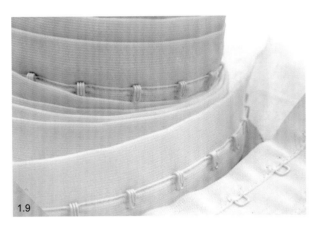

1.9

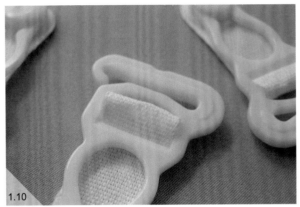

1.10

针

根据面料选择针的类型和大小是非常重要的。针有不同的大小、长度、形状和功能。有的针是圆的，有的则前圆后直。

针的大小

目前两个最常用的度量体系为美国和欧洲的（也称公制数或NM）。当购买针的时候，它们上面往往会标明70/10或90/14来表示美国和欧洲两种度量体系。针的直径越小，数字越小。

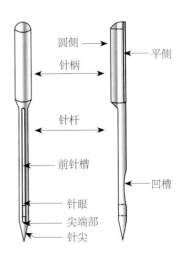

圆侧
平侧
针柄
针杆
前针槽
凹槽
针眼
尖端部
针尖

美国制	欧洲制（公制）
8	60
9	65
10	70
11	75
12	80
14	90
16	100
18	110

1.9 挂钩和钩眼
1.10 吊带扣
（均出自MacCulloch & Wallis公司）

机缝针

通用型针		一种通用型针	针号60/8到110/18	单针、双针或三针	适用于梭织和针织面料
毛线衫或球形针		圆形针尖,可在纤维间滑动而不切断它们	针号70/10到110/18	双针	适用于针织面料
弹性面料针		针尖稍圆,针眼和凹槽间有一个小隆起,可以在针的一边形成大线圈,从而方便缝合	针号75/11或者90/14	双针	适用于梭织和针织面料,如缎纹织物
尖针		针柄很细,针尖细长且锋利	针号60/8到100/16		适用于轻薄型面料、精细的梭织面料和传统的缝制工艺
刺绣针		针眼很大,独特的凹槽能够保护易断的线	针号75/11到90/14	双针	用绣线缝纫
金属线针		加长型针眼可以避免撕裂和弄断金属丝线	针号80/12和90/14	双针	用于金属丝线和其他特殊的线
皮革针		具有独特切口的针			适用于皮革、人造革、厚重的非织造合成材料,不能用于针织或机织物
翼状或花边装饰针		针的两边有侧翼	针号100/16	通常是双针,每根针之间距离2.5mm	适用于轻薄或适中的松散梭织面料,可用于精美传统工艺缝制和装饰性的镂空绣

手缝针

刺绣用 大孔幼缝针		锋利的针尖，又长又窄的针眼	针号1到10	用于绣花线和丝带，适用于较重的面料
密缝针 细孔短幼缝针		具有大针眼的短小细针	针号3到12	常用于绗缝，也用于精细手缝
细孔长幼缝针		精致，中等长度	针号5到12	用于手缝或精细的手工刺绣
缝帽或珠绣针		又长又窄，有小圆孔针眼	针号3到9	用来缝珠子或法国结
挂毯丝带绣针		矮胖，针眼长，针尖钝	针号13到28	适用于挂毯织锦、丝带绣花等

缝线

根据缝制工艺选择合适的缝线是非常重要的。当缝线太脆弱时，衣服将不能很好地缝合在一起。当缝线强度过强时，会撕裂面料。在制造过程中，缝线的性能取决于缝迹长度、特克斯数（解释见下文）、原材料、耐磨性、弹性、后整理类型、耐化学性、可燃性和色牢度。

1.11 各种缝线

（MacCulloch & Wallis公司）

单根长丝线	再生线
这是一种单根的合纤长丝。它有多个型号，需要暗缝时，004和005号是最受家用缝纫者欢迎的	纤维素纤维——黏胶纤维、醋酯纤维 用于机绣，来获得光洁、结实、充满光泽的线迹效果，通常为连续长丝线
天然纤维 动物纤维——蚕丝 植物纤维——棉 丝线在今天的生产中很少使用，因为它成本太高。它主要用于缝制真丝面料或者为时尚内衣缝制花边 棉线和丝光棉线是机缝和手缝中最常见的。丝光棉线是具有轻微光泽的棉线，它的强度大并且很光滑，用于缝棉织物	人造纤维 合成纤维——涤纶、锦纶、腈纶、弹性纤维、丙纶 矿物纤维——金属纤维 最常见的合成纤维是涤纶和锦纶。相同大小时，它们的强度比棉线大，通常用于合成纤维织物 包芯丝通常为棉包涤或涤包涤，它适用于绝大部分织物 金属线以一根强度大的涤纶长丝作为芯纱，外面裹有金属化聚酯薄膜来获得反射光泽
拷边线 轻微纺的涤纶线通常是卷在筒子上出售的。它会有毛边，沿长度方向上有粗细节，仅用于拷边。特定纹理的纱线通常也用来锁卷边，其中最著名的是仿毛尼龙	刺绣线 手绣线可以由人造丝、真丝、棉和丝光棉、金属、锦纶和涤纶制成 刺绣线也可以为了某种效果而进行特别的纹理处理

纱线规格

尽管特克斯体系的纱线标准已经应用于产业中，然而家用缝线市场却没有建立相关的标准。特克斯体系通过计算每1000m纱线的克重来确定纱线规格：

1tex = 1g/1000m

可以根据长度和重量间的关系即线密度、纱支或者支数来生产不同细度的纱线。纱线支数和特克斯数都是全球通用的公制单位。纱线支数用数字表示；纱线越细，数字越小；纱线越粗，数字越大。

轻型纱线：tex10~tex24

例如：

Sulky rayon

R&A rayon

Mettler Poly Sheen

Woolly Nylon

Mettler cotton

Madeira cotton

YLI Heirloom

YLI Silk

中型纱线：tex27~tex35

例如：

Mettler all purpose polyester

Gütermann all purpose polyester

Coats Dual Duty

YLI Silk

YLI Select, cotton

Finishing Touch

Elite

Maxi-Lock

重型纱线：tex40~tex90

例如：

LI Jeans Stitch

YLI Silk

YLI Colours

YLI Quilting

Mettler Quilting

Gütermann Quilting

Signature cotton

Quilting

Sulky #30 rayon

YLI Silk

纱线规格转换表		
美国	英国	欧洲
6~8	8~10	36~38
10~14	12~16	40~44
16~20	18~22	46~52
22~24	24~26	54~56

2 吊带裙、内裤和衬裙设计与制板

"内衣"一词传统意义上涵盖了所有女士内衣和那些不能在公开场合被看见的服装。虽然这类服装被遮盖，但是依然被精心制作和装饰。随着服装的演变，穿在里面的内衣的款式和功能也在不断变化。今天，内衣包括贴身背心、吊带裙、内裤、法式短裤、连衫衬裤（连体灯笼裤）、塑身衣、衬裙、睡衣、打底衫和文胸。打底衫和文胸的设计，样板裁剪更为专业，将在后面的章节中进行讨论。本章及下一章主要阐述非塑型功能的内衣设计。

左页图 一件珍贵的杜塞室内便服，出品时间大约为1905—1910年，由淡紫色雪纺制成，以针缝的抽褶丝带滚边，装饰大朵缎面玫瑰花，且饰以特别处理的花边

内衣原型

原型是一种没有添加缝份的基础样板，通过对它进行变化，可以得到不同的款式。内衣原型和人体的曲线轮廓贴合，添加的松量也比一般的外衣样板少。服装面料的选用对绘制样板影响非常大。由于内衣材料既可以是机织面料也可以是针织面料，最终的选择主要取决于服装的类型和功能。

机织面料的拉伸性能不如针织面料。任何拉伸性能通常都和纤维材料或者织物组织结构有关，而且多为水平方向拉伸。采用贴合型样板，机织面料可以裁剪制作成贴体型服装，也可以斜裁，效果更贴体，也更柔软、更悬垂。

混纺纤维可以通过混纺给面料加入弹性成分获得弹力，尤其是加入弹性纤维（氨纶），可以更贴体。这类面料在裁剪前需要计算它的拉伸量，并且在人体测量值上减去。

针织面料兼具独特的良好悬垂性和拉伸性，经纬向都可以拉伸。氨纶也可以加进针织面料中，获得更好的稳定性和弹性回复性。在绘制样板之前，仍需要测量面料的拉伸性能。如果面料的拉伸性能非常好，那么贴体服装样板的尺寸可以小于实际人体测量部位的尺寸。

原型既可以通过测量个体实际尺寸来建立，也可以采用标准人体尺码表。每个公司使用的尺码表是不同的。下面列出的测量部位是制板时所需要的，当然，也可以直接使用你们学校或公司的尺码表。

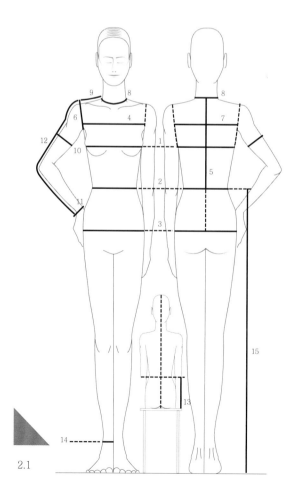

2.1 人体测量点

2.1

1	胸围	
2	腰围	
3	臀围	
4	上胸围	
5	后背长	
6	袖窿深	
7	背宽	
8	颈围	
9	单肩长	
10	上臂围	
11	手腕围	
12	袖长	
13	立裆长/裆深	
14	脚踝围	
15	腰高	

紧身原型

使用标准尺码表或个体测量数据进行制板。

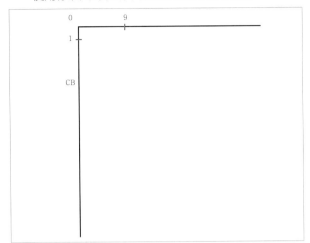  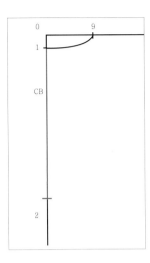

步骤1

先画后片纸样。

在纸的左边画一条竖直向下的直线，长度是后颈点到腰围中点的长度加上腰高。把这条线标记为后中心线（CB）。

在这条线的最上端标记点0。

从点0垂直后中心线向右边画线。

从点0往下测量1.5cm，标记点1。从点0开始沿着水平向右方取长度1/5颈围−3mm，标记点9，圆顺弧线连接点1和点9，为后颈弧线。

步骤2

从点1垂直向下取袖隆深，端点标记为点2。

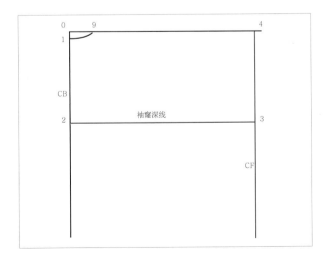

步骤3

从点2向右画水平线，取长度为1/2胸围+5cm，右端点标记为点3。

从点3垂直向上画直线，与最上面水平线交点标记为点4。

从点4向下作垂线，取长度等于CB线长，标记该线为前中心线（CF）。

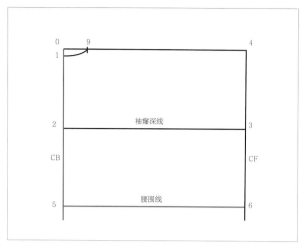

步骤4

从点1向下量取后颈点到腰围的长度，标记为点5。

从点5向右作后中心线的垂线，与前中心线交点标记为点6，该线标记为腰围线。

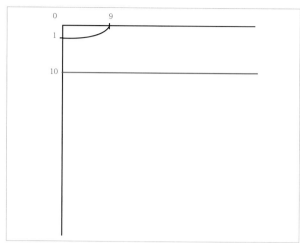

步骤5

接下来开始画后肩区域的细节，首先从点1向下量取长度为1/5袖窿深-6mm，标记为点10。

从点10向右画水平线，长度约为前后中心线间距离的一半。

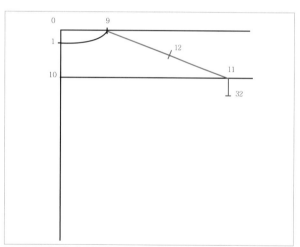

步骤6

接着完成后肩线，从点9开始画直线，取长度为单侧肩长+1cm，确保该线段长度时，调整该线段角度直到该线段另一端点与从点10画出的水平线相交，该相交点标记为点11。

将点9和点11连成的线段二等分，中间点标记为点12。

从点11垂直向下量取1.5cm，端点标记为点32。

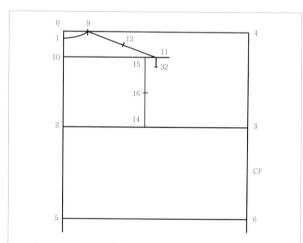

步骤7

接下来，绘制腰围以下的后片纸样。从点2向右画水平线，取长度为1/2背宽+6mm，端点标记为点14。

从点14垂直向上画直线，与从点10绘制的水平线相交，标记交点为点15。

将点14、点15相连的线段二等分，标记等分点为点16。

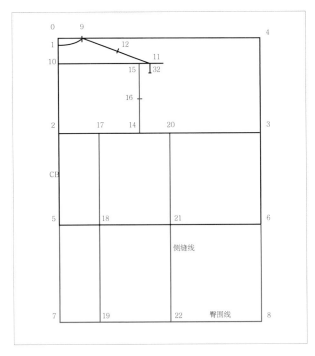

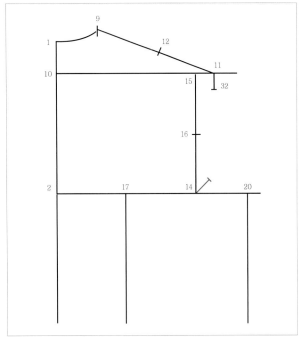

步骤8

从点5垂直向下画直线，取长度为腰围到臀围的测量值，端点标记为点7。

从点7向右画水平线，与前中心线相交，标记交点为点8，标记该线为臀围线。

将点2、点3相连的线段二等分，标记等分点为点20。

从点20垂直向下画直线，与腰围线交点标记为点21，与臀围线交点标记为点22。标记该线为侧缝线。

将点2、点14相连的线段二等分，标记等分点为点17。

从点17垂直向下画直线，与腰围线交点标记为点18，与臀围线交点标记为点19。

步骤9

从点14沿45°角向外画直线，线段长度由纸样尺码确定，具体为：

尺码6-8　　长度为2.2cm。

尺码10-14　长度为2.5cm。

尺码16-20　长度为3cm。

尺码22-24　长度为3.3cm。

参见23页的英国制和欧洲制尺码转换表。

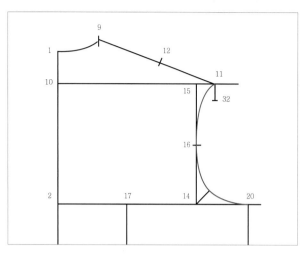

步骤10

画后袖窿弧线。从点11开始，通过点16和点14引出短线标记点，到点20结束，画一条圆顺的弧线。

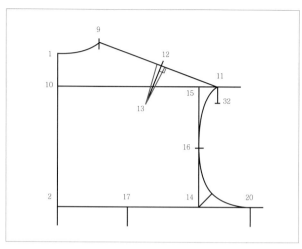

步骤11

画后肩省。从点12向内作线段（点9与点11相连的线段）的垂线，取长度为5cm。画两条等长省边，两边各取1cm为省宽，省尖位置标记为点13。

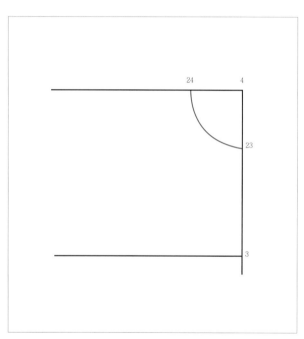

步骤12

现在画前片纸样：

从点4开始向左画水平线，取长度为1/4颈围-6mm，标记为点24。

从点4沿前中心线向下取长度为1/5颈围-2cm处，标记为点23。

圆顺弧线连接点23和点24，画前领围线。

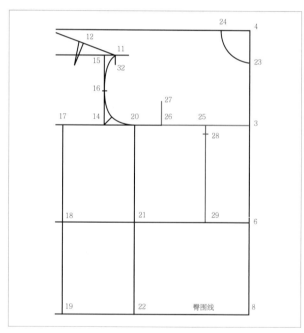

步骤13

从点3开始向左画水平线，取长度为1/2上胸围+1/2省道量，标记为点26。

从点26垂直向上画直线，取长度为点3和点26相连线段的1/3，端点标记为点27。

将点3、点26相连的线段二等分，标记等分点为点25。

从点25垂直向下画直线，与腰围线相交，交点标记为点29。

点25垂直向下2.5cm处画BP点，标记为点28。

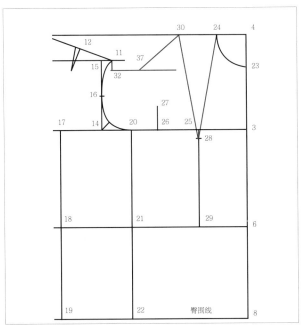

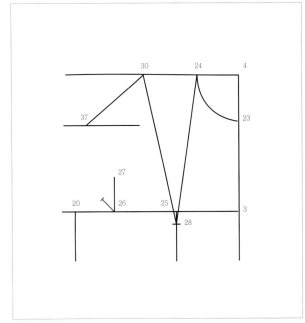

步骤14

连接点28和点24，该线为省道的一条省边。

从点24水平向左量取省宽，端点位置标记为点30。

连接点24和点30，保证该线段与点28和点24相连线段等长，该线为省道的第二条省边。

从点32向右画水平线。

从点30向左下画直线，取长度为单侧肩长，使所画线段的另一端点与从点32画出的水平线相交，交点标记为点37。

步骤15

从点26沿45°角向左侧引直线，线段长度依然由纸样尺码决定，根据下面的纸样尺码对照取线段长度，并作好标记。

尺码6-8   1.5cm。

尺码10-14   2cm。

尺码16-20   2.5cm。

尺码22-24   3cm。

参见23页的英国制和欧洲制尺码转换表。

步骤16

绘制前袖窿弧线，从点37开始，过点27、点26引出的线段标记点，最终通过点20画一条圆顺的弧线。

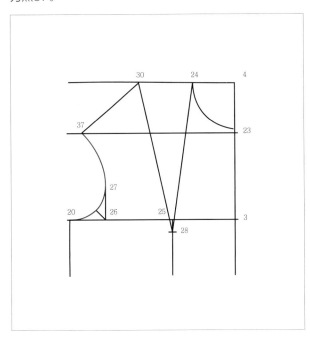

形成纸样

可以通过在侧缝或前后腰围线处添加省道的方式来进行造型，获得需要的纸样。

从点29向下画垂线，与臀围线相交，交点标记为31。

从侧缝和腰围线的交点处，沿腰围线向后取1cm，向前取2cm，分别标记点 。

将点20和侧缝线处沿腰围线向前和向后的两个标记点分别连接，再将这两个标记点和臀围线上的点22分别连接，则侧缝造型完成。

后腰省定为2.5cm，沿腰围线在点18的两侧分别取1.3cm，作好标记点。

将点17和刚标记的两点分别连接，向下延伸到省尖位置，该位置为后腰围线垂直向下12.5cm处。

前腰省为3.5cm，沿腰围线在点29两侧分别取1.6cm，作好标记点。

将BP点28和刚标记的两个点分别连接，向下延伸至省尖位置，该位置为前腰围线垂直向下7.5cm。

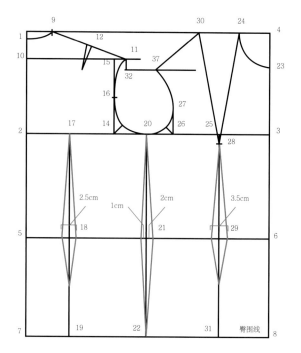

紧身无袖原型

将紧身原型调整为紧身无袖原型时，需要抬高和加宽袖窿，并且调整侧缝线。

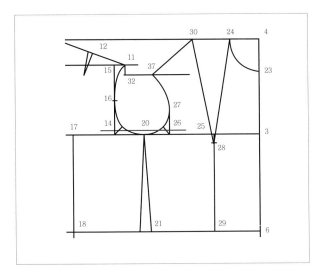

步骤1

将点2和点3相连的袖窿深线在点20处向上量取1cm。

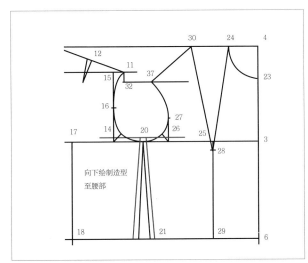

步骤2

在侧缝线处分别向前、向后量取1.5cm，向内平移，重新画好腰围线以上侧缝线。

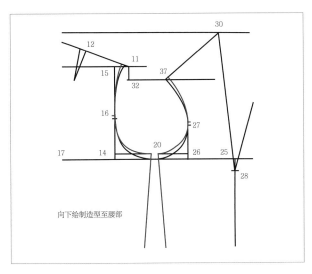

步骤3

从点11和点37分别向内减少1cm肩长并作标记点。

从点16和点17分别向上量取1cm并作标记点。

连接上述各个新标记点，重新绘制袖窿弧线，袖窿底是点20向上量取后的标记点。

在完成纸样后，就可以拓板到硬卡纸或者牛皮纸上。

针织/弹性面料内衣原型

因为弹性面料有很多，各自的拉伸强度也不同，需要测量面料水平方向以及垂直方向的动态拉伸性能。贴体服装中，当面料被水平拉伸时，需要确定面料可视的动态拉伸量，并在制板时把这部分量减掉。可以参考17页的拉伸性能部分来完成这个工作。

面料的弹性回复性是另一个需要考虑的重要因素。弹性回复性差的面料比弹性回复性好的面料需要更多的松量。

如果使用多种针织/弹性面料，就必须要画多个服装纸样，并在第一次试穿后可能需要进行不断调整。

使用带有拉伸缩减率的标准尺码表。

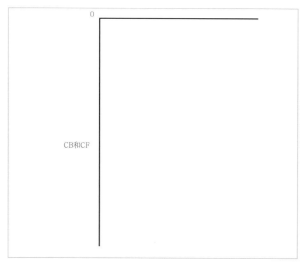

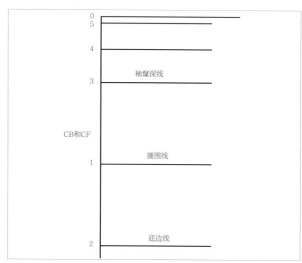

步骤1

在纸的左边画一条垂直向下的竖线，取长度为后背长加腰高，并标记该线为后中心线和前中心线（CB和CF）。

将线上端的顶点标记为点0。

从点0向纸右侧画后中心线的垂线。

步骤2

从点0沿中心线向下量取后背长加1cm处，标记为点1。

从点1向右画水平线，标记该线为腰围线。

从点0沿中心线向下量取最终衣长量，标记该点为点2。

从点2往右画水平线，标记该线为底边线。

从点0向下量取袖隆深-2.5cm或3cm或5cm：如果面料拉伸率达到30%时，减去2.5cm；拉伸率达到35%~50%时，减去3cm；拉伸率超过50%时，减去5cm；该点标记为点3。

过点3向右画水平线，标记该线为袖隆深线。

将点0和点3相连的线段二等分，等分点标记为点4。

过点4向右画水平线。

将点0和点4相连的线段五等分，从点0向下取1/5的长度，标记该点为点5。

过点5向右画水平线。

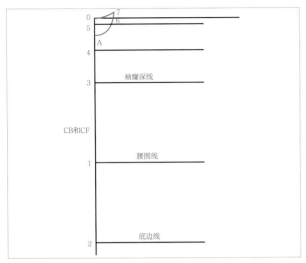

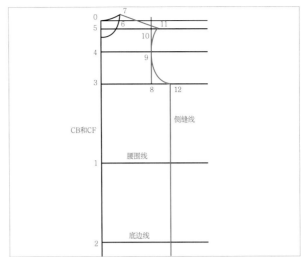

步骤3

画领围弧线，从0点向右量取线段长为1/6领围－0.6~1.3cm，具体数据根据面料拉伸性能而定，标记端点为点6。

从点6垂直向上画线，取长度为1.3cm，标记端点为点7。

用圆顺曲线连接点0和点7，即完成后领弧线。

从0点向下量取1/6领围－1~1.3cm，具体数据根据面料拉伸性能而定，标记为点A。

用圆顺曲线连接点A和点7，即完成前领弧线。

步骤4

画袖窿弧线，过点3向右量取线段长1/2背宽－2.2cm或2.5cm或6cm，具体数据根据面料拉伸性能而定，端点标记为点8。

过点8垂直向上画线，和从点4引出的水平线相交，交点标记为点9，和从点5引出的水平线相交，交点标记为点10。

过点10水平向外延伸1cm，标记为点11。

连接点7和点11，该线为肩线。

从点3水平向右量取线段长为1/4胸围－1.5cm或3cm或8cm，具体数据根据面料拉伸性能而定，端点标记为点12。

从点12垂直向下画线，与底边相交，标记该线为侧缝线。

从点12开始画袖窿弧线，通过点9并圆顺连接点11。

步骤5

沿腰围线，从侧缝与腰围的交点向纸样内量取3cm或3.5cm或4cm，具体数据根据面料拉伸性能而定，标记该点。从点12开始用一条圆顺曲线过该标记点并回到底边线，重新画顺侧缝线。

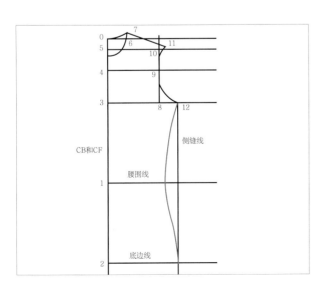

针织/弹性面料衣袖原型

步骤1

在纸上画一条竖直线，长度为针织面料衣袖长加3~6cm，具体数据取决于面料的拉伸性能，将这条线的顶点标记为点15，末端点标记为点17，该线标记为对称线。

过点17向右画对称线的垂线，取长度为1/2手腕围-0.6~1.5cm，具体数据取决于面料的拉伸性能，标记线段端点为点19。

步骤2

从点15向下量取1/2点0和点3相连线段长+1cm，标记为点16。

过点16画水平线。

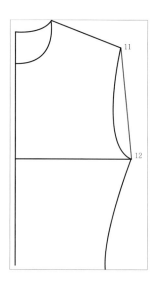

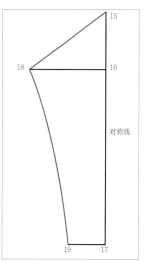

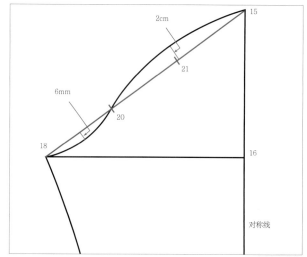

步骤3

过点15画线，取长度为点12和点11相连线段长+1cm，相交于点16引出的水平线上，标记相交点为点18。

从点18到点19画一条内凹弧线。

步骤4

画袖山弧线：

将点15和点18相连线段三等分，将下1/3点标记为点20，上1/3点标记为点21。

将点18和点20相连线段二等分，在等分点处垂直向下量取6mm并作标记点，从点21垂直向上量取2cm并作标记点。

过点18、点15以及之前两个新标记点画圆顺弧线，从点18到点20先画内凹弧线，再反向画外凸弧线连顺点20和点15。

贴身背心和吊带裙

吊带裙已经成为当下某些设计师的标志性款式。它们类似20世纪40年代到80年代穿在外套下的半身衬裙和连身吊带裙。吊带裙通常是紧身的，并且使用弹性面料或者斜裁面料制作，使之紧贴皮肤。针织面料是沿着直丝布纹线方向裁剪的，弹性机织面料也可以沿直丝布纹线方向裁剪，没有弹性的机织面料通常采用斜裁。如果使用无弹面料，那么需要添加一个可以进行细节装饰的开衩。

连身吊带波浪裙

这是一件添加了后背育克和软罩杯的斜裁吊带波浪裙。想做成更短的贴身背心款式，只需按照步骤，重新绘制侧缝线到臀围线即可。

复制紧身原型纸样，并确定需要的吊带裙长。

在前后片上绘制领围线，前领围线可以随意造型，但是BP点到领围线的长度要控制在7~7.5cm。

在腋下点和侧缝线相交处，沿袖窿深线分别向前向后收进1.5cm，并为这两个新记号点作标记。

沿腰围线，从侧缝线向前、向后分别收进6mm，从侧缝上端点开始到臀围线，修顺侧缝线形状。

去掉纸样上前后片的省道。

把底边向下延长大约5cm或者从侧缝向外将前后片底边线延伸至需要的长度，修顺该点到臀围线之间的侧缝线形状。

画顺下摆弧线。

画斜向布纹线。

标记花边位置、前中心线、后中心线，并增加缝份。

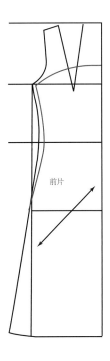

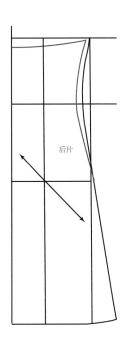

2.2 斜裁连身吊带波浪裙，下摆和罩杯用蕾丝装饰

添加一个育克和软罩杯

画大约6.5cm宽的后育克
线。

画一个软罩杯，使其在侧
缝线和后育克等长，前面长度
约为BP点往下7~7.5cm。

从纸样上剪下前后育克。

在领围线处将前育克粘在
一起，这样在较短的那条边上
会形成一个省道，修顺较短的
那条边。如果想增加胸部抽褶
造型，需要在下胸省中间增加
1.3cm，然后修顺较短的那条边。

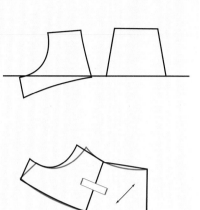

具有纵向分割线的紧身吊带裙

吊带裙和人体曲线廓型相吻合。侧边加入波浪，从
臀围线到底边加入垂直缝线，或者说从底边增加纵向分
割线。纸样中也可以加软罩杯和后片育克。想做贴身背
心的话，只需要完成臀围线以上纸样即可。

在紧身原型纸样上绘制，检查裙长是否符合需要的
吊带裙长度。

绘制新的领围线。

沿腰围线，将前后腰省在每边都增加6mm，画好新
的省边。

前后片纸样在侧缝上的腋下点位置沿袖窿深线向内
各收6mm，侧缝线处的腰围线位置同样操作，臀围线位
置往内收3mm并进行标记。

从调整后的袖窿底点，经新的标记点到臀围线处，
修顺前后片的侧缝线。

将底边处的侧前片、侧后片的纵向分割线两边分别
标记2cm位置点。

从腰省开始，根据新的标记点修顺侧前片、侧后片
纵向分割线。

在底边线上，将原有侧缝线各向外延伸2cm，并作
标记。

根据底边上新的标记点，修顺侧缝线。

标记花边位置、前中心线、后中心线，并为样板加
缝份。

2.3 伊丽莎白·泰勒对1960年的
电影《青楼绝妓8》中的这条紧
身吊带裙做了纸样说明

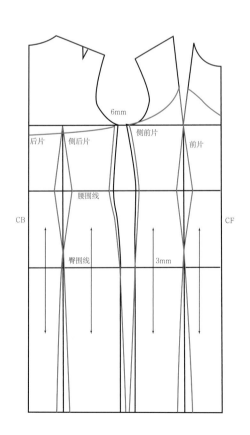

内裤/三角裤

在20世纪30年代，内裤非常贴合人体，成为可以穿在新式斜裁紧身裙里面的三角内裤。

自从巴黎警方颁布一条例要求所有在舞台上表演的女性都要穿短裤后，坎坎舞演员便开始穿短裤上台表演了。将裆部缝合起来便形成了短裤，裤长变短也是为了露出大腿。这便是法国灯笼裤的原型。后来在20世纪50年代，当锦纶这种新型人造纤维面料盛行时，法式灯笼裤获得大量生产。这种裤子使人们获得自如，也没有明显可见的内裤线条，使其适合在白天和晚上穿着。

腰围	
上臀围	
下臀围	
裆深	
裆长	
裆宽	

三角裤原型

三角裤原型是众多三角裤款式设计的起点。可以通过降低原型的腰围线，抬高大腿围线进行款式变化，甚至改成丁字裤。这是一款紧身三角裤原型纸样，但很容易根据设计来增加腿部或者腰部松量。可采用弹力面料制作，或者采用机织面料沿直丝布纹或斜向裁剪。面料种类繁多，从精致棉织物、丝绸织物到人造纤维织物。三角裤也可以加上一个弹力腰带，腰带上可以织入商标、加蕾丝，或者任何想要的装饰。

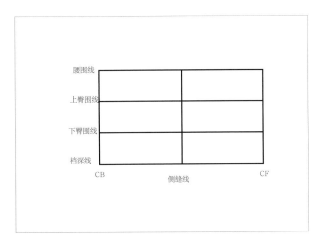

步骤1

在纸中间画一条竖直线段，取长度为裆深，在顶端和底端作标记。将线的顶端向上延长5cm，底端向下延长20cm。

以该竖直线为中心，过线段的顶端和底端标记点向中心线两侧各画两条水平线。每边均取线段长为1/4臀围。

在上下两条水平线的两边画垂线。

将裆深进行三等分，在垂直中心线上标记两个等分点，并过这两个标记点在方框内画水平线。

将最上面的水平线标记为腰围线，将最下面的水平线标记为裆深线，中间的两条线分别标记为上臀围线和下臀围线。中间的竖直线标记为侧缝线，方框最左边的竖直线标记为后中心线CB，最右边的竖直线标记为前中心线CF。

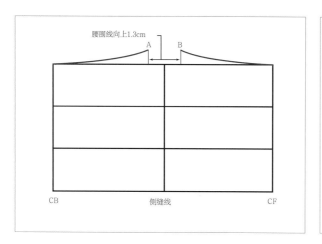

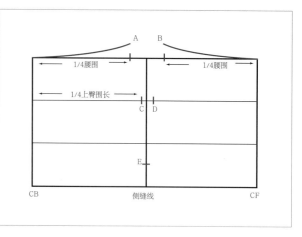

步骤2

在腰围线上，从前中心线向后量取1/4腰围，并作标记点，后中心线同理操作。

从两个标记点处垂直向上抬高1.3cm，作两个新标记点，后片上的点标记为点A，前片上的点标记为点B。

用曲线尺从后中心线到点A重新画顺腰围线，从前中心点到点B重复上述步骤。

步骤3

在上臀围线上从后中心线和前中线分别向内量取1/4上臀围长，标记为点C、点D。

将下臀围线和裆深线之间的垂直线段二等分，标记等分点为点E。

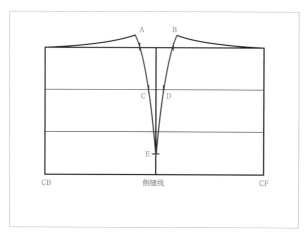

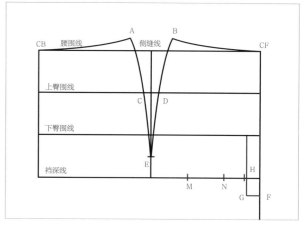

步骤4

用曲线尺连接点A、点C、点E成一条圆顺侧缝线，连接点B、点D、点E成另一条侧缝线。

步骤5

将前中心线向下延长1/3全裆长，即为前裆长，标记为点F。

从F点向后画前中线的垂线，取长度为1/2裆宽，标记为点G。

将侧缝线到前中心线之间的裆深线段三等分，从前中心线开始沿下臀围线往后量取3.3cm，并标记点，过这个标记点向下画线与G点相连，从该线与裆深线的交点向后量取3mm，标记为点H。

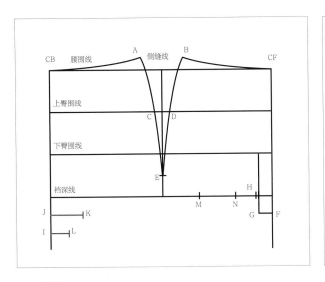

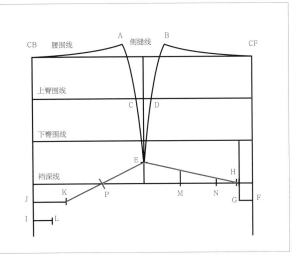

步骤6

沿后中心线向下延长2/3全裆长，即为后裆长，标记为点I。

将点I和裆深线之间的线段二等分，等分点标记为点J。

从点J向外画水平线，取长度为裆宽，端点标记为点K。

过点I向外画水平线，取长度为1/2裆宽，3.3cm，端点标记为点L。

步骤7

连接点K、点E和点E、点H，画大腿围线。

将线段KE二等分，等分点标记为点P。

过点M、点N向上画垂线，与线段EH相交。

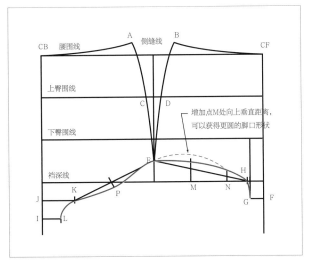

步骤8

画弧线连接LK。

画直线连接HG。

过P点向下画垂线，作标记点：

非常小——1.3cm

小——1.5cm

中等——2.2cm

大——2.2cm

非常大——2.5cm

用曲线尺，过点K、点F和点P向下延伸标记点，画后腿弧线。

从点M、点N垂直向上量取一定的量，并作标记点：

非常小——1.3cm

小——2cm

中等——2.5cm

大——3.3cm

非常大——3.8cm

注意：如果想要前大腿开口更圆更高，可以将点M向上取的长度大于点N向上取的长度。

用曲线尺经过上述标记点画顺点E到点H的弧线。

紧身包臀短裤

紧身包臀短裤非常紧身，腰围线下落至臀围线位置。裤腿处可以同三角裤一样，也可以比三角裤更高。该短裤又称为低腰三角裤。

根据39页的三角裤原型画法来创建一个低腰裤基础纸样。

在上臀围线上，距离前中心线1/4上臀围处作记号点，后片操作同理。

在后中心线上，从上臀围线向下取1.3cm，作记号点。

在前中心线上，从上臀围线向下取2.5cm，作记号点。

用曲线尺通过前后片的上述记号点，画顺腰围线。

从前片、后片上臀围线上的标记点分别画直线与点E相连。

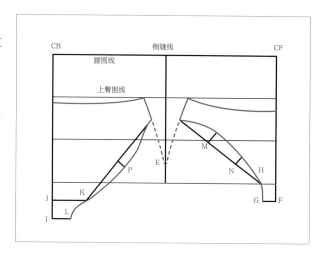

在上述连线上选一个点，点的位置取决于臀高，将这个点和前片上的H点和后片上的K点分别相连。

重复三角裤原型画法中的第8步，完成前后裤腿弧线。

加入松量的三角裤

给贴身三角裤或紧身包臀裤增加松量，意味着可以在腰围和裤腿开口处使用松紧带，获得更加漂亮的褶皱效果。这样的三角裤通常都是低腰的。不过，为了达到复古的视觉效果，需要将其裁剪为腰围线在人体自然腰围线处。它们的裆部通常是分开的。面料有很多选择，从轻薄网纱、非常柔软的蕾丝纯棉薄纱到丝绸，也可以进行刺绣和装饰。

创建或选择原型纸样。

移除裆部。

剪切拉展前后片来获得所需要的松量。

2.4 腰围和裤腿处有弹性松量的三角裤

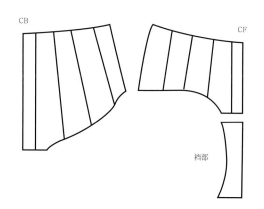

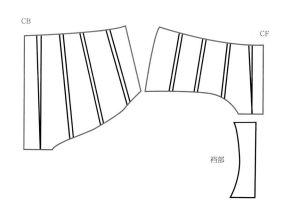

高衩三角裤

内裤可以是低腰的，也可以是正常腰围线，后者称为法式裁剪。这种内裤会显得臀部更丰满，而高衩三角裤可以让穿着者的腿显得更长，并且看不到内裤线。

从上臀围线到裆部重新画裤腿开口弧线。

2.5 高衩三角裤，裤腿开口
处用刺绣装饰，显得腿更长

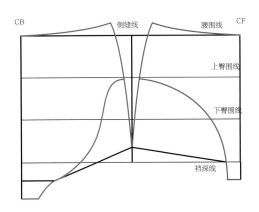

比基尼三角裤

比基尼内裤包裹住臀部，腰头下落至腰围线下10cm处。腰头通常采用弹性花边或松紧带，有的甚至只在侧面打个结。20世纪60年代泳装开始流行，目前依然是深受女性欢迎的款式。

可以将高衩三角裤纸样进一步抬高裤腿曲线变化为该纸样。

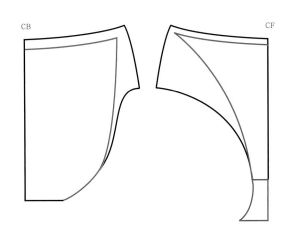

丁字裤

丁字裤已经流行了几个世纪，它起源于男性的裹腰布。1974年，鲁迪·简莱什设计展示了第一条丁字裤。在此之前，这种丁字裤都和异国舞者联系在一起的。丁字裤的后片是V形的，这使它比T字裤或G带要宽一些，也可以将其称为巴西三角裤。

从39页三角内裤原型纸样开始。

沿后中心线，腰围线处下降3.8cm；前后片侧缝线在腰围线处各下降2.5cm；前中心线处下降4.5cm。

用曲线尺画顺腰部曲线。

从新的腰围线开始，沿侧缝线向下量取2.5cm，或者根据设计自行确定，作标记点。

画前后裆，前后裆宽一般情况下是5~6.5cm，但可以减小到1.3cm。

画顺新的前后片裤腿开口弧线，从裆部向上画至之前的侧缝标记点处。

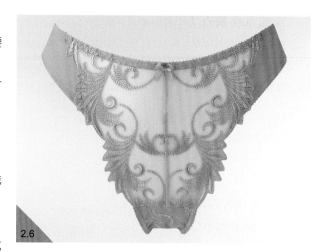

2.6 丁字裤，该图无法看到丁字裤背面，其实其后面是狭窄的V形条

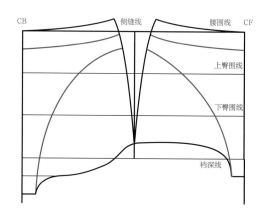

T字裤/G带

T字裤或G带的腰围线可以是低腰的，也可以像三角裤一样，前面是正常腰围线，后片成T形。T字裤穿在贴体紧身服装下面时是看不见的，所以很受模特和名媛的喜欢。

变化39页的三角裤原型纸样。

在后中心线处，腰围线下降3.8cm；侧缝处，腰围线下降2.5cm；前中心处，腰围线下降4.5cm。

用曲线尺画顺腰部弧线。

画前后裆线，通常裆宽为5~6.5cm，可以减小到1.3cm。

在后片上，取裆宽画一条垂线至新的腰围线，该宽度可以非常窄（例如一根绳带宽）。

在前片上，用曲线尺从裆部画一条曲线到新的腰围线，该线在腰围线位置与侧缝的距离可以自行设计。

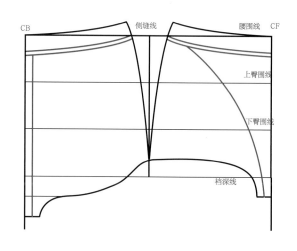

弹性蕾丝复古丁字裤

复古丁字裤是高腰的，裁片平整，能包裹前中部。起初是用蕾丝制作的，现代复古丁字裤使用高科技材料。在紧身合体服装下穿这种内裤时，穿着者不会露出内裤边痕，也不会黏附人体。

使用39页的三角裤原型纸样，移除裆部纸样。测量蕾丝面料经纬向的拉伸性能，从上臀围尺寸中减掉相应拉伸量。

重新画顺前裆，它通常选用纯棉或类似高吸湿面料，前裆宽向内改小1.3cm，取5~6.5cm。

后裆宽缩减至1.3cm。

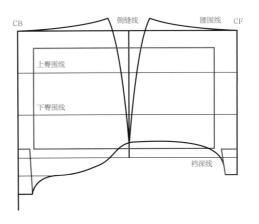

2.7 带蝴蝶结和粉色花卉图案的复古丁字裤

平角裤

平角裤看起来像男士针织短裤，但女裤的要短一些，穿起来既舒适又得体，是今天比较流行的短裤样式之一。

2.8 带刺绣花纹的平角裤

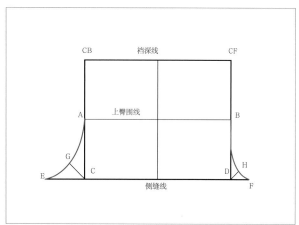

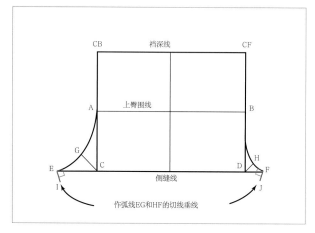

步骤1

在纸中间画一条竖线，长度是裆深，将该线标记为侧缝线。

分别在这条竖线的底端两边画水平线，每边取长度为1/4臀围。

从这条水平线的两个端点分别向上画垂线。左侧线为后中心线，右侧线为前中心线。

将裆深线段二等分，在等分点处画水平线，水平线与后中心线的交点标记为点A，与前中心线的交点标记为点B，标记该线为上臀围线。

将后中心线的下端点标记为点C，将前中心线的下端点标记为点D。

从点D向外延伸线段，长度为1/3全裆长，标记为点F。

从点C向外延伸线段，长度为2/3全裆长，标记为点E。

从D点沿45°向外引线，长度为1/4前裆长，标记为点H。

从C点沿45°向外引线，长度为1/2后裆长，标记为点G。

过点A、点G、点E画弧线，与后中心线相切，过点B、点H、点F画弧线，与前中心线相切。

步骤2

从点E作裆部弧线的切线垂线，长度为3.3cm，端点标记为点I。

从点F作裆部弧线的切线垂线，长度为3.3cm，端点标记为点J。

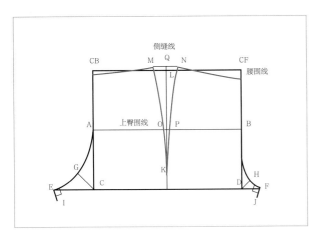

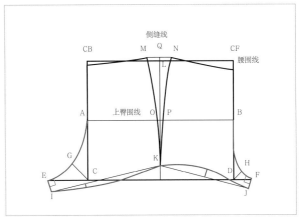

步骤3

往上延长中间的侧缝线，长度为6mm，上抬后端点标记为点Q。

沿侧缝线底端从裆深线向上取1/6裆深，标记为点K。

在上水平线处从后中心线向点Q量取1/4腰围，该点标记为点M；前片操作类似，标记点为点N，将上水平线标记为腰围线；从点A水平向右量取1/4臀围长，标记为点O，从点B向左水平量取1/4臀围的长度，标记为点P。

用曲线尺连接点M、点O至点K，画顺曲线，作为后侧缝线；同理画顺点N、点P至点K为前侧缝线。

再用曲线尺从后中心线向上弧线连接点M画顺后腰围线，再从点N向下弧线连接前中心线画顺前腰围线，前中心线处的腰围线点下落1.3cm。

步骤4

直线连接点I和点K，点K和点J，为大腿长。

将线段IK三等分，从I起标记三分之一点，过该标记点向下作线段IK的垂线，取长度为1.3cm，作标记点。

将线段KJ二等分，标记等分点，过等分点向上作线段KJ的垂线，取长度为1.3~2.5cm，作标记点。

用曲线尺，分别通过该侧过标记点，从I到K画弧线，从K到J画弧线。

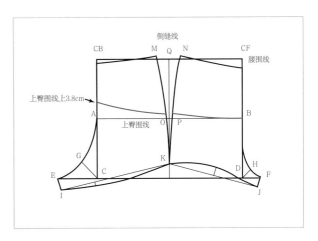

步骤5

可以沿后中心线从上臀围线向上取2.5~4cm将腰围线下落至臀围，从后中心线至前中心线画顺腰围线。同时可以通过减小前后大腿处标记点测量数据来改变裤腿长度。

法式短裤

20世纪二三十年代的好莱坞明星在影片中穿法式短裤，这些具有情调的小短裤也称为踢踏舞女裤，在40年代大批量生产。今天，它们通常采用松紧腰带，过去是有侧开衩的。

2.9 带花边细节的法式短裤

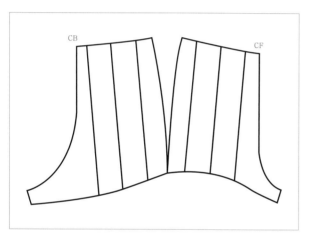

步骤1

以第46、47页的平角裤纸样为基础，将平角裤纸样的前后片分别平均成四份，从大腿处到腰围线剪开纸样。

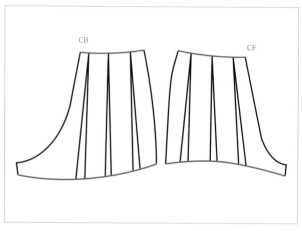

步骤2

剪开后拉展纸样。如果想在腰部装松紧带或在左侧加开衩，腰部系绳带，也可以把腰围线处展开。用曲线修顺裤腿弧线和腰围线。

塑型紧身裤

这类短裤是流行的塑型款式，它一般有束腹带。当使用高弹面料时，需要允许面料有一定的拉伸量，并在纸样中减掉该量（见17页）。

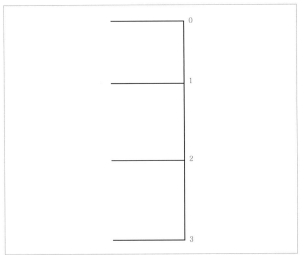

步骤1

在纸的右边向下画一条竖直线，最上面的端点标记为点0。

过点0作竖直线的垂线。

从点0开始向下量取（立裆长-1cm），端点标记为点1。

从点0开始向下量取腰高，端点标记为点3。

过点3作竖直线的垂线。

将点1和点3相连的线段二等分，等分点标记为点2。

过点2画竖直线的垂线。

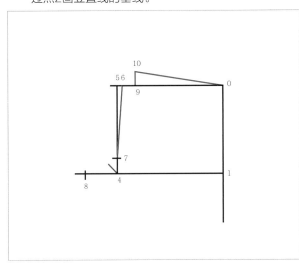

步骤2

从点1沿水平线向左量取1/4臀围-2cm，标记为点4。

从点4垂直向上画直线，与过0点画的水平线相交，交点标记为点5。

将点4和点5相连的线段四等分，距离点4四分之一处的等分点标记为点7。

将点1和点4相连的线段六等分，过点4水平向右量取1/6长度，标记为点8。

从点5向点0方向，沿水平线量取1cm，标记为点6。

步骤3

连接点6和点7。

从点4沿45°方向向外引直线，长度取决于纸样尺码：

尺码6~14——2.2cm

尺码16~24——2.5cm

参见23页英国制和欧洲制尺码转换表。

从点5向点0沿水平线量取4cm，标记为点9。

过点9向上画垂线，取长度为3cm，端点标记为点10。

连接点10和点0。

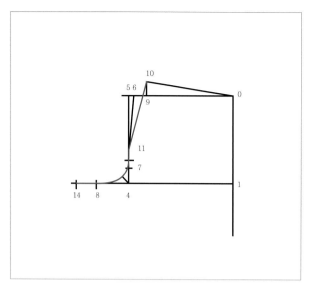

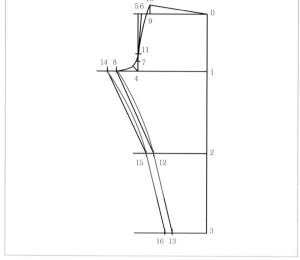

步骤4

用曲线尺连接点7点8画弧线，经过点4沿45°方向引出的标记点，这样就完成前裆线。

将线段（4,5）四等分，从点4向上的第一个四等分点标记为点11。

连接点11和点10。从点4水平向外量取一定的长度：纸样尺码是6～14，则量取3.5cm；纸样尺码是16～24，则量取4cm。将该点记为点14（参见23页英制和欧制尺码转换表）。

用曲线尺从点11开始到点14画弧线，经过点4沿45°方向引出的标记点，这样就完成后裆弧线。

步骤5

将线段（1,4）三等分，过点2水平向左量取2/3的线段长度，标记为点12。

从点12向外量取3cm，标记为点15。

将手腕围的长度二等分，从点3水平向左量取1/2手腕围，标记为点13。

从点13水平向左量取2cm，标记为点16。

连接点8和点12。在二分之一位置将向内画垂线，取长度为6mm，标记号点。线段（14，15）同理操作。

用曲线尺连接点8和点12画弧线，过二分之一位置的记号点，直线连接点12和点13，此为前内侧缝线。

用曲线尺连接点14和点15画弧线，过二分之一位置的记号点，直线连接点15和点16，此为后内侧缝线。

步骤6

在纸中间画对称线来完成整个制板。

将后片纸样复印在对称线的一边，前片纸样复印在对称线的另一边。

将上腰围线抬高2.5cm。

连衫衬裤或连裤紧身内衣

在1910年，英国将吊带背心和短裤连在一起的服装称为"组合装"。20世纪20年代，随着一种新式紧身衬裤的出现，这种服装被称为连体裤。

20世纪20年代，复古的连裤背心都是由斜裁真丝或者带有花边的瑞士棉巴厘纱做成的。它们比较宽松，有时这些轻薄的服装可以从脚部穿上，它们在20世纪40年代开始流行，那时受战争影响，女性开始穿着裤装出去工作。到90年代，它们更多的为人所知，被称为"连衣裤"或者"连体塑身衣"，可以搭配胸罩，也可以不穿。

今天，连体衣可以是使用高科技面料的塑身衣，也可以是采用柔软斜裁面料的睡衣。裆部可以用纽扣或者按扣闭合。

在臀围线处结合紧身原型和法式短裤的纸样可以获得连体衣纸样，也可以在颈围线处添加软罩杯。腰部使用抽绳，调节范围更广。

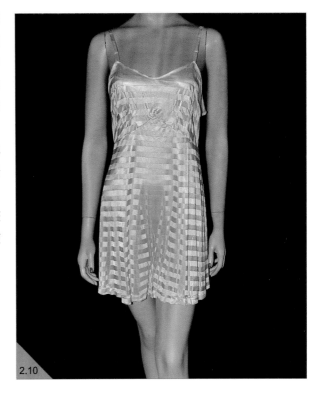

2.10 连裤吊带背心

连体衣

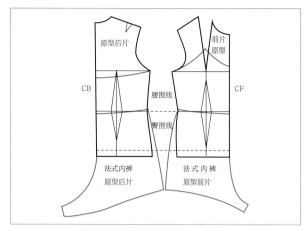

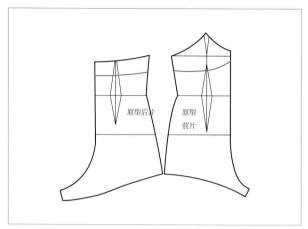

步骤1

复制33页紧身内衣原型前后片纸样。

将48页的法式短裤的前后纸样放在紧身内衣纸样上，保证前后中心线、侧缝线、腰围线相吻合。

根据设计画领围线。

步骤2

为了增加罩杯，在前片上画一个罩杯的形状。

使前后片在侧缝线的长度相同，在后片画后背育克。

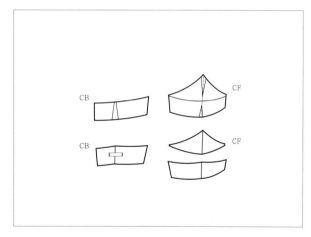

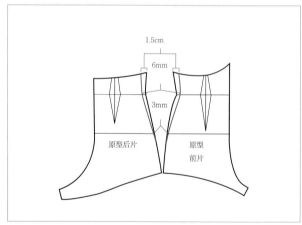

步骤 3

分别拓印前罩杯和后育克纸样。

将前罩杯纸样沿胸围线裁剪开成，分别闭合上下省道，获得两片罩杯纸样。

将后育克省道闭合。

步骤4

将侧缝线位置，将前后片腋下处共减少1.5cm，前后两侧各一半；在腰围处共减少6mm，前后两侧各一半；在臀围处共减少3mm，前后两侧各一半。

重新画顺侧缝线。

带文胸或不带文胸的连体塑身衣

连体塑身衣可以用来修顺人体轮廓曲线或者避免紧身外衣紧紧黏在身上。连体塑身衣是现代紧身衣。它可以提升臀部和胸部，平顺腹部，加上裤腿可以优化大腿曲线。

开始制板前，需要测量面料的拉伸和回复量（参考17页的拉伸性能表）。考虑面料的拉伸性能，可能需要调整针织/弹性面料原型纸样的测量部位，甚至重新制板。

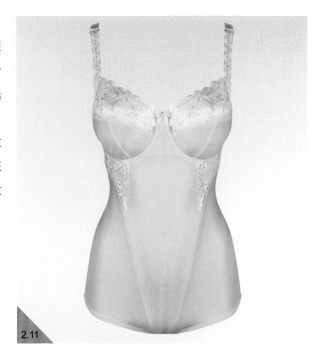

2.11 连体塑身衣

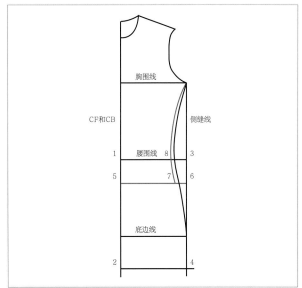

步骤1

拓印针织/弹性面料原型纸样（参见35页），纸样底边向下留有足够的空间，画裆部。

将前后中线与腰围线的交点标记为点1。

从点1向下量取立裆长，标记为点2。

从胸围线的腋下点垂直向下画直线，和腰围线相交，交点标记为点3。

过点3向腰围线画水平线。

过点2向右画水平线，与过点3画的竖直线的交点标记为点4。

步骤2

将线段（1，2）四等分，距离点1的第一个四等分点标记为点5。

从点5向右画水平线，与竖直侧缝线的交点标记为点6。

从点6水平向左量取3cm，标记为点7。

从点3水平向左量取4.5cm，标记为点8。

用曲线尺从腋下点经过点8和点7画顺侧缝线。

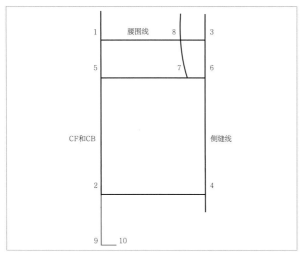

步骤3

从点2向下量取1/8腰围+1cm，端点标记为点9，画后裆。

过点9水平向右画线，取长度为3.5cm，标记为点10，此为后裆线。

步骤4

从点2水平向右画线，取长度为6cm，标记为点11。这条线称为裆底插片线。

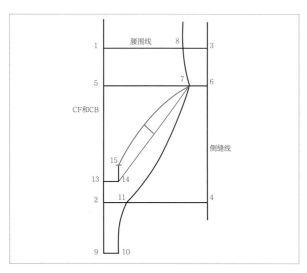

步骤5

测量线段（2，9）长度，过点2向上取1/2线段长，标记该点为点13。从点13向右画水平线，取长度为2cm，端点标记为点14，此为前裆线。

过点14向上画2cm长垂线，端点标记为点15。

直线连接点14和点7，在中点处向上画长度为1.5cm的垂线，曲线连接点15和点7，并通过1.5cm垂线端点，这条线为前腿弧线。

过点10和点11画直线，在线段（10，11）中点处向中心线方向作一条3mm的垂线。

过点10、点11和3mm垂线端点画一条内凹弧线，则底裆插片完成。

直线连接点11和点7，在线段（11，7）中点处向侧缝线方向作一条6mm的垂线。

过点11、点7和6mm垂线端点画一条外凸弧线，则后腿弧线完成。

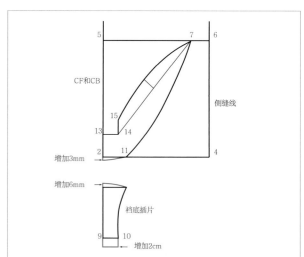

步骤6

要想获得分割的底裆插片纸样，需要沿线段（2，11）将裆底纸样拓印下来。过点2沿中心线向上增加6mm，将增加后的点与点11用弧线圆顺相连。

将点9和点10向下沿伸2cm，然后再将新的延伸点水平相连。

在前后片裤身纸样上，将点2垂直向下量取3mm，并将该点和点11用弧线圆顺相连。

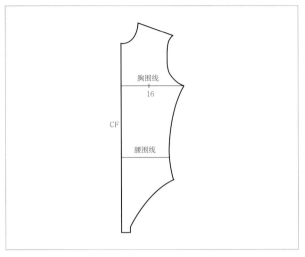

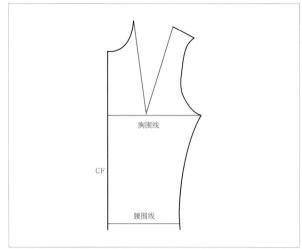

步骤7

为了增加罩杯部分,将新的前片纸样拓印下来。

将胸围线二等分,在二等分点处向中心线移2cm,标记为点16。

步骤8

从肩颈点和领围线交点向点16画直线,剪开这条线,将肩部拉开10cm,形成省道。当省道打开时,胸围线以下的纸样上会出现褶皱。

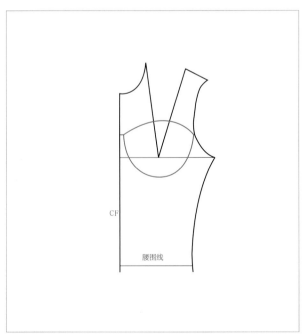

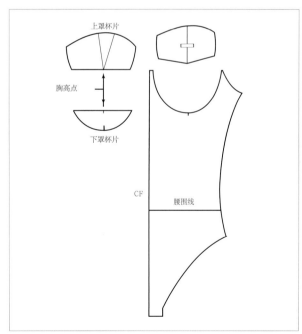

步骤9

绘制文胸罩杯的形状,并将罩杯纸样拓出。如果需要,可以重新调整罩杯的水平分割线造型。

步骤10

剪开水平分割线,可以获得上罩杯片和下罩杯片。闭合上罩杯片的省道,如果罩杯的上领弧线不光滑,需要重新画顺该弧线。

衬裙

从20世纪50年代后期到60年代初，穿在束带连衣裙下面的是网布衬裙。

网布层通常在臀部育克上进行抽褶，它们在腰部使用抽绳或者开口。网布层的数量取决于你想要多大的裙摆。美国设计师派瑞·艾力斯在20世纪80年代第一次在他的运动短裙下露出衬裙的蕾丝花边，而迪奥的设计师约翰·加里奥在他的2009年时装秀上将衬裙从裙装下面显露出来。

2.12 2009年迪奥高定秋冬系列中外穿的衬裙

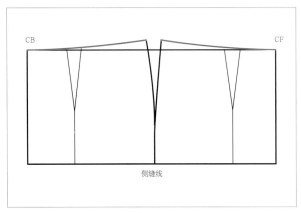

步骤1

拓印紧身原型纸样的腰臀部分（参见32页），在前后腰围的侧缝线处均向上起翘6mm。

用曲线尺分别从前后中心线到新的前侧缝起翘点画顺新的腰围线。

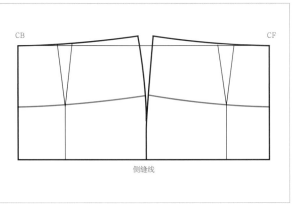

步骤2

确定育克的长度，贯穿前后片画一条线。拓印前后育克纸样。

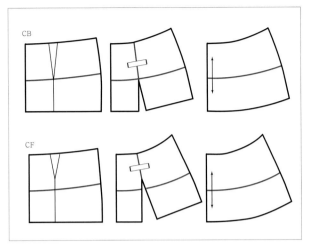

步骤3

剪开前后片上省尖点以下部分的直线，并将省道闭合并黏合，剪开的直线将会打开。

用曲线尺画顺前后育克片的底边线。

步骤4

为了增加一个圆形裙，在纸的左边画一条竖线，将线段的上端点标记为点1。

从点1向右画水平线，此为侧缝线。

为了获得育克片底边线的半径，需要测量育克底边线的弧长并除以6.28。

过点1在竖线和水平线上分别量取育克片半径值，并标记为点2和点3。

过点2、点3画1/4圆。

将1/4圆先等分一次，再等分一次。

将1/4圆等分线向下延长，取长度为裙长，画下摆1/4圆弧线。

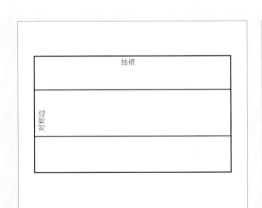

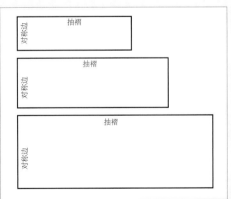

育克抽褶效果

可以在育克较短的边上给裙子加上抽褶效果。裁剪一块宽度为三倍臀围、长度为裙长的面料。

为了得到更蓬松的效果，沿裙长将裙子分为2～3部分，使每一部分的长度是上一部分的1.5倍。这样，最下面的一部分大约为第一部分的3倍长，如图将两边分别标记为对称边和抽褶位置。

半身打底裙

　　半身打底裙是穿在合体外套下带弹性腰的短裙。这种半身打底裙曾是每个时尚女性衣橱必备的内衣。它可以是A型的，或者下摆开衩。它既可以斜裁也可以直裁，可以使用针织或者加弹梭织面料。下摆通常有花边装饰。

　　拓印紧身原型纸样（参见32页）腰围线以下部分，取长度为设计裙长。

　　从腰围处沿前后侧缝线分别起翘6mm，作标记点。

　　用曲线尺过前后中心线和标记的起翘点，分别画顺新的前后腰围线。

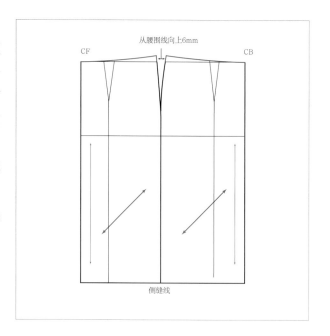

吊袜带

吊袜带是用来提拉袜子的，今天已经不常使用，它充满趣味、迷人而性感。

拓印56页衬裙的前后片育克纸样。

将育克纸样二等分，绘制吊袜带的形状，在前后片上标记袜带夹的宽度。

前侧缝处可以使用松紧带，需要在前片纸样中减掉一块来获得一定量的拉伸。

沿纸样周边添加缝份，在后中心线处加挂钩和钩眼来闭合。最后缝上袜带夹。

2.13 吊带袜

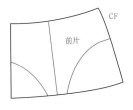

袜带花边

袜带曾经用来固定和提拉长袜。今天，它成为新娘婚礼全套服装的一个传统部分。

首先测量想穿袜带处的大腿围。

根据该腿围长度剪一条宽2.5cm的松紧带。

剪一块宽度为松紧带宽的2倍多2.5cm和缝份宽的纸样，用来包缝松紧带。

2.14 有花朵装饰的袜带

3 睡衣设计与制板

睡衣充满情趣而且非常性感，不禁让人想起银幕时代那些电影明星穿着漂亮睡裙或者20世纪60年代的芭比娃娃装束等画面。随着像蕾哈娜这样的名流穿着一身睡衣走红地毯时被拍照，经典睡衣已经和外衣一样变成流行时尚。如今的睡衣更讲究舒适性，再加上一些休闲元素，更加适合于在工作之后换上，但是出于良好的自我感受，我们依然想拥有一种特别的睡衣。

睡衣面料应该触感柔软。材质可以是奢华的真丝、精细的薄纱，或者是最爱的老式磨毛棉，它通常加蕾丝、荷叶边、花边，或者用刺绣装饰。睡衣可以沿布纹线直裁，采用梭织面料制作时也可以斜裁。

左页图 出自1913年的一件真丝乔其纱和雪纺质地睡裙

宽松款睡衣原型纸样

由于睡衣要比其他内衣宽松，所以睡衣的原型纸样要比上一章紧身款式的纸样宽松。制板数据可以使用标准尺码表，也可以利用个体数据，详细参见26页。

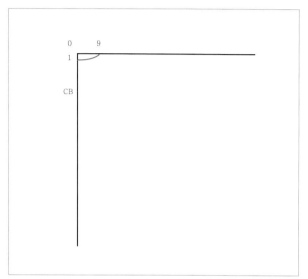

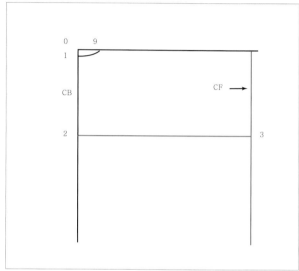

步骤1

先画后片纸样。

在纸的左边向下画一条线段，取长度为后背长。标记该线为CB。

标记线段顶点为点0。

以点0为起点，向右画水平线。

从点0向下取1.5cm，标记该点为点1。从0点向右沿水平线测量五分之一的领围，标记该点为点9。 从点1到点9画弧线，即为后领弧线。

步骤2

从点1沿垂线向下量取袖隆深+2.5cm，标记该点为点2。

从点2向右画水平线，取长度为1/2胸围+7cm，标记为点3。大于14号的尺码，再多增加5mm，例如尺码18，需长度为1/2胸围+8cm。

过点3向上、向下引竖直线，将该线标记为前中心线CF。

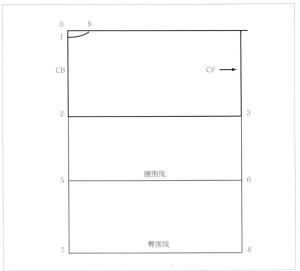

步骤3

从点1向下量取后背长，标记为点5。

从点5竖直向下量取腰到臀的长度，标记为点7。

从点7向右画水平线，与前中心线交点标记为点8，标记该线为臀围线。

从点5向右画水平线，与前中心线交点标记为点6，标记该线为腰围线。

步骤4

开始绘制后片肩细节前，需要先从点1向下量取1/5袖隆深−1cm，标记为点10。

过点10画水平线，长度大约为一半纸宽。

过点2水平量取1/2后背宽+1cm，标记为点12。

过点12画垂线，与点10引出的水平线相交，交点标记为点13。

将线段（12，13）二等分，标记等分点为点9。

步骤5

画后肩线，过点9向外引直线，取长度为肩宽+1cm，旋转该线段，直到该线段的端点落在从10引出的水平线上，该端点标记为点11。

过点11垂直向下画长度为1.5cm的线段，端点标记为点21。

过点21向右画水平线，取长度约为10cm。

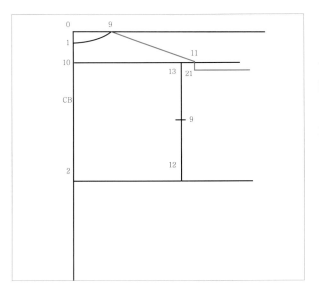

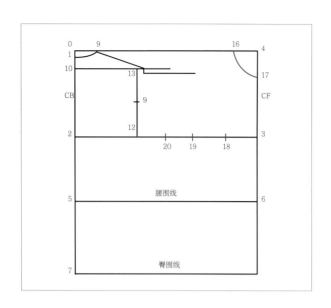

步骤6

将前中线的顶点标记为点4。

从点4水平向左量取1/5领围-6mm，标记为点6。

从点4向下量取1/5领围，标记为点17。

过点16和点17画前领弧线。

从点3向左水平量取1/2胸围+1cm，标记为点19。

将线段（3，19）二等分，等分点标记为点18。

将线段（12，19）二等分，等分点标记为点20。

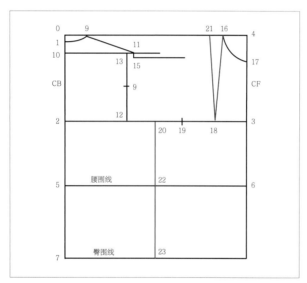

步骤7

连接点16和点18。

过点16水平向左量取1/2省道宽，标记为点21。

过点21向下连接点18。

过点20垂直向下画直线，与腰围线交点标记为点22，与臀围线交点标记为点23，该线为侧缝线。

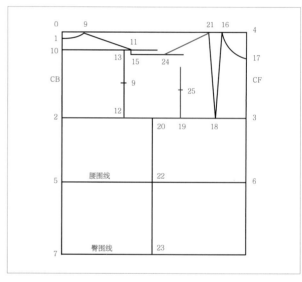

步骤8

过点21引直线，取线段长度为肩宽+6mm，端点落在从点15引出的水平线上，标记端点为点24。

从点19垂直向上画线，长度比线段（3，17）的一半长少2cm，标记为点25。

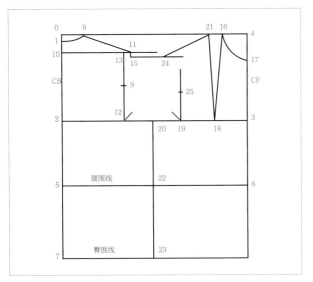

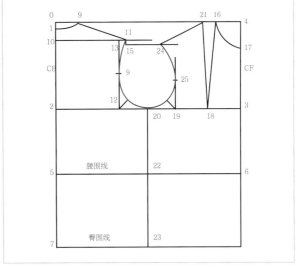

步骤9

从点12沿45°角向外引线，线段长度取决于纸样尺码：

尺码 6～8——2.2cm

尺码10～14——2.5cm

尺码16～20——3cm

尺码22～24——3.5cm

从点19沿45°角向外引线，线段长度依然取决于纸样尺码：

尺码 6～8——2cm

尺码10～14——2.5cm

尺码16～20——3cm

尺码22～24——3.3cm

参见23页英国制和欧洲制尺码转换表。

步骤10

从点11开始画袖窿弧线，依次连接点11、点9，过点12引出线段端点，点20、过点19引出的线段端点，点25，终点24，连成圆顺弧线。

宽松衣袖纸样

步骤1

首先测量衣身纸样上点11到点24的袖窿弧长。

在纸中间画一条竖线，取长度为袖长，将这条线的顶点标记为点A，将底端点标记为点B。

再过点B画水平线，开始画后袖片。

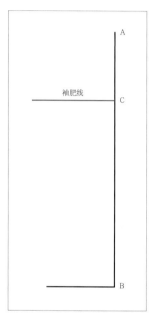

步骤2

过点A向下量取1/3袖隆深-a，标记为点C。当尺码是6～14时，a取6mm；当尺码是16～24时，a取3mm。

从点C画水平线，长度超过1/4袖窿弧线，这条水平线为袖肥线，取袖山高为10~11.5cm。

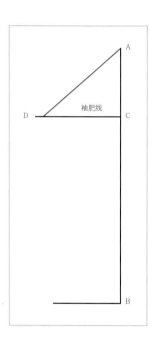

步骤3

从点A画斜线，取长度为袖窿弧线的一半，线段的端点落在从点C引出的水平线上，标记交点为点D。

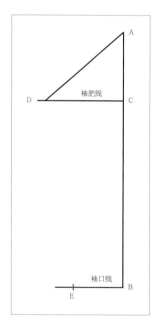

步骤4

过点B向左画水平线，取长度为1/2腕围，标记为点E，该线为腕围线。

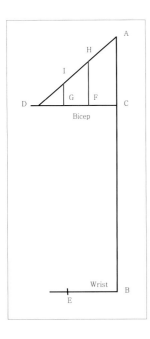

步骤5

为了画袖山高，将线段CD三等分，标记近C点的三等分点为点F，近点D的三等分点标记为点G。

过点F垂直向上画直线，与参考线AD相交，标记交点为点H。

过点G垂直向上画直线，与参考线AD相交，标记交点为点I。

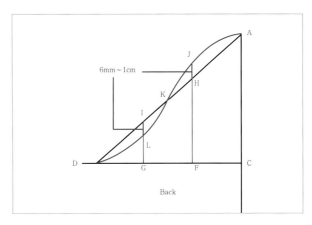

步骤6

从点H向上延伸线段，取长度为0.6～1cm，终点记为点J。

将线段HI二等分，二等分点标记为点K。

从点I垂直向下量取0.6～1cm，标记为点L。

用曲线尺，过点A、J、K、L、D画弧线，该线为后袖山弧线。

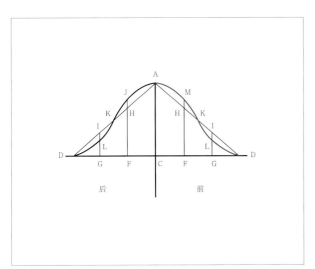

步骤7

绘制前袖山弧线，从第5步开始镜像重复操作步骤。

从H点向上延伸0.6～1cm，端点标记为点M。

将线段HI二等分，等分点标记为点K。

从I点向下取0.6～1cm，标记为点L。

用曲线尺，过点A、M、K、L、D画弧线，该线为前袖山弧线。

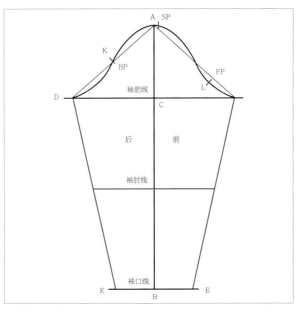

步骤8

连接前后片的DE。

在线段CB的中点沿线向上1.3cm处分别向两侧画水平线，与前后片相交，该线标记为袖肘线。

从点A向前量取6mm，标记为肩对位点（SP）。

育克睡裙

睡袍和睡衣需要一定的松量来获得舒适性和行动方便的功能性，通过增加一个育克可以调整好胸围线下多余的面料。

育克和上胸花边带

有着育克或上胸花边带的睡袍是一种非常流行的款式，可以有多种长度，从束腰服的长度，到可以覆盖裤子上部，再到脚踝。育克也可以应用在长袍款式设计中。

育克可以和袖子或者肩带一起使用。肩带可以是绑在肩膀上的窄条，也可以是边缘抽褶形成帽袖的宽肩带。育克和胸上围边都可以使用时尚面料，如蕾丝、缎带，或者刺绣，甚至可以将这三者结合形成更华丽的装饰。

3.1

3.1 饰以蕾丝育克的复古睡裙

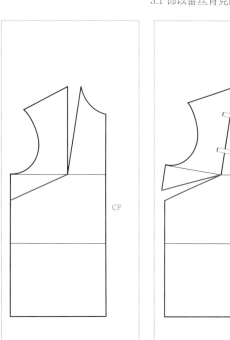

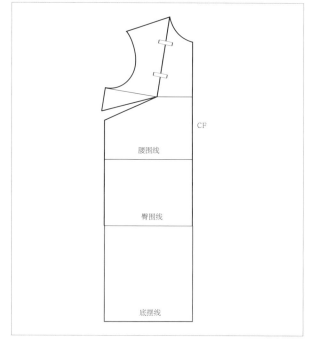

步骤1

使用宽松原型修改，从前片开始。从BP点向侧缝线画一条斜线，端点距离袖窿底点约7.5cm。

剪开该线，合并肩省，打开侧缝处。

步骤2

向下延伸侧缝线、前中心线到需要的设计长度，标记腰围线、臀围线、底边线。

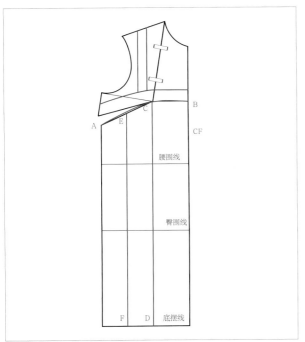

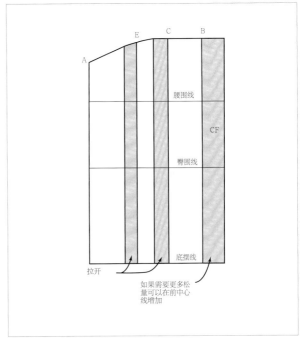

步骤3

　　沿着新省道的省边圆顺画线，过BP点到前中心线，将这条线在侧缝上的端点标记为点A，在前中心线上的端点标记为点B。

　　从BP点向上6cm，画弧线AB的平行线，这两条线形成育克。

　　从BP点向下画垂线，与底边线相交，线段上端点标记为点C，与底边线的交点标记为点D。

　　从新省道下省边开始，在侧缝线和线段CD中间画CD线和侧缝线的平行线，线段上端点标记为点E，与底边线的交点标记为点F，沿线段CD和EF剪开，增加裙前片松量。

　　将肩长二等分，在该点任意一侧画想要的肩带宽度。

　　从裙片样板中取出前育克片和肩带片纸样。

步骤4

　　为了得到抽褶裙，沿着线段CD和线段EF剪开。

　　将被剪开的衣片拉开获得所需要的松量，也可以在前中心线处增加额外松量。

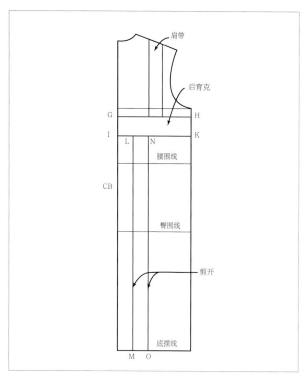

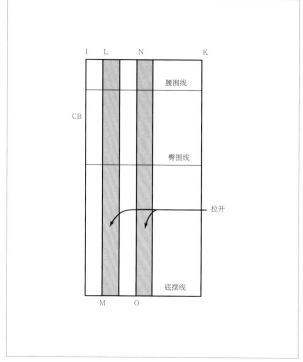

步骤5

接下来调整宽松原型的后片纸样，画后育克，确保在侧缝线处和前育克相匹配。

从育克线下面希望剪开拉展获取后片松量的位置绘制两条平行于后中心线的线段。将一条线段的上端点标记为点L，下端点标记为点M。将另一条线段的上端点标记为点N，下端点标记为点O。

绘制肩带，使长度和宽度与前片肩带相匹配。

从裙片样板中取出后育克和后肩带纸样。

步骤6

为了得到抽褶裙，沿线段LM和NO剪开。

拉开衣片来获取想要的松量。

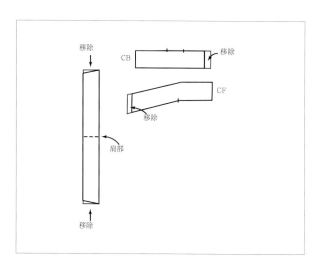

步骤7

前后育克的侧缝线向内移6mm，移除多余量，重新画顺侧缝线。

在肩缝处将前后肩带拼合，从肩带内侧边（左边）向内测量6mm并作标记点，连接标记点和肩带外侧边端点，移除多余量，修顺肩带的上下两边。

前面开衩的弧形育克

弧形育克可以有袖，也可以无袖。对于睡衣上装或者睡袍，需要在裙子前中心线门襟线处添加纽门搭位或者衬里，也可以用两端未封闭的拉链来替代睡袍前襟的纽扣。

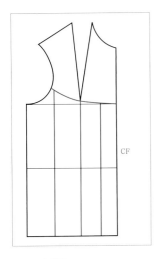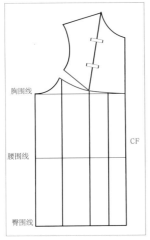

步骤1

拓印宽松原型纸样的前片。

用曲线尺从前中心线和胸围线的交点处开始画弧线，终点落在袖窿弧线上，该点为下袖窿弧的起点。

从育克弧线往底边线画三条竖直线。

步骤2

沿着育克弧线剪开到接近原先的胸围线为止，合并肩省。

沿着这条线继续剪开，将育克片从裙片中分离取出。

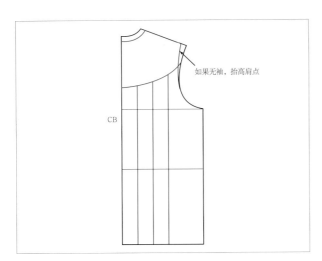

步骤3

用曲线尺画一条更低、更宽的领围线。

在前中心线增加1cm宽的纽扣门襟，把门襟前侧边作为翻折线。

从翻折线向外画2.5cm的宽贴边。

如果不加袖子，则将肩点往里收1cm，修顺袖窿弧线。

步骤4

拓印宽松原型后片纸样。

从后中线开始绘制弧线，终点落在袖窿弧线上，并和前片袖窿相对应。后中心线处的育克长度可以比前中线处的育克更长，或者更短。

从育克线到底边线画三条竖直线。

降低和加宽后领围线，确保肩点处和前领围线相对应。

如果不加袖子，肩点向里收1cm，修顺袖窿弧线。

沿新的育克线将育克纸样从裙片中分离取出。

圆形育克

圆形育克也可以用于睡裙或睡袍，在20世纪60年代非常流行，它被广泛用在大裙摆洋娃娃睡袍上。这种育克可以盖住上臂，也可以和袖子相连。它可以纫缝，饰以刺绣、缎带，或者缩褶。

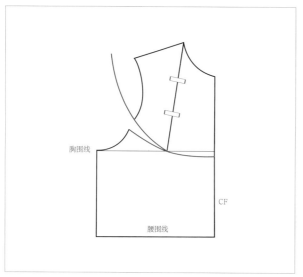

步骤1

拓印宽松原型纸样前片的腰围以上部分。

从前中心向外绘制1/4圆弧，通过BP点，最终落在肩线上方。

沿该弧线，从袖窿处到BP点剪开纸样，用胶带黏合肩省。

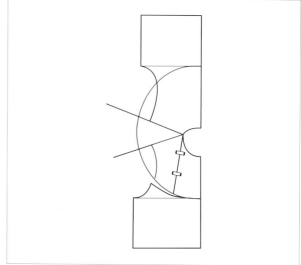

步骤2

将宽松原型纸样的后片放在纸上，使前后片的肩线和两个端点相重合，可以得到一条从后中心线到前中心线的圆顺领围弧线。

在后片纸样上，沿着前片1/4圆弧端点继续绘制另外一个1/4圆弧，终点落在后中心线上，这便形成了一个半圆。

将前后片的肩线延长，直到超过半圆弧线。

沿着半圆弧线将圆形育克纸样裁剪下来。

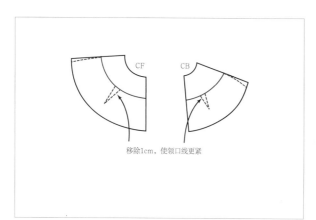

移除1cm，使领口线更紧

步骤3

将前后中心线、侧缝都从领围线往下降5~6cm，并作标记，或者取肩线中点作为该标记点。

用曲线尺过标记点画一条新的领围线。

如果希望肩线向手臂方向有一个向下的弧度，那么将肩点往里收1cm，并从新的肩点到领围线画顺肩缝线。

如果希望领子更贴合颈部，可以在育克上加1cm大小的省道，沿着省道的中心线向下剪开省道，并用胶带黏合闭合省道，获得最后纸样。

造型育克和短裙

这种育克常用于套头式长袍或者娃娃睡袍，可以有袖或无袖。可以在育克下底边加扇形花边，也可以在育克和分割缝之间加上滚边。

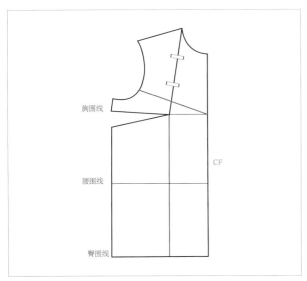

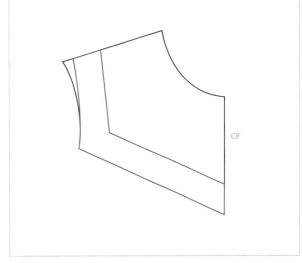

步骤1

拓印宽松原型前片纸样。

过BP点向侧缝线画斜线，终点落在袖窿线下7.5cm处。

沿着该线剪开，合并肩省，侧缝线处将打一个省道。

从前中心线向上画斜线，端点落在袖窿弧线上，此为育克线。该线的位置可以自行设计。

从BP点向底边线画竖直线，此为分割线。

步骤2

沿着育克线剪开纸样，将育克片分离出来。

将肩点向里减少1cm，修顺袖窿弧线。

画育克线的平行线，距离视想要的育克宽度来定，继续向上画线直到肩。

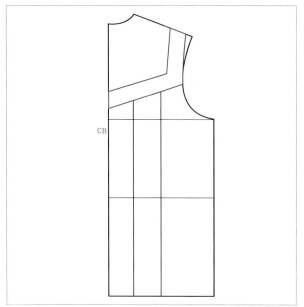

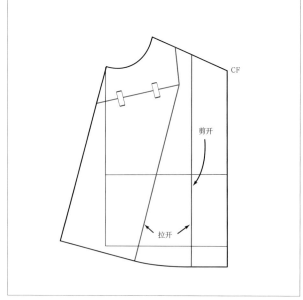

步骤3

拓印宽松原型后片纸样。

从后中心线向袖窿画一条直线段为育克，该线可以高于或低于前片育克线。

将肩点向里收1cm，修顺袖窿弧线。

绘制育克线的平行线，距离为想要的育克宽度，继续向上画线至肩。确保前后育克在肩部的宽度相等。

从育克下边线向纸样底边画两条平行的竖直线，这两条线为分割线。

步骤4

回到前片，为了增加裙片上半部分和底边处的松量，沿分割线剪开纸样。可以以褶裥或细褶的方式加入松量。

闭合侧缝线上的省道，并用胶带黏合。

拓印前片纸样。

从腰围线向下量取需要的裙长。

拉开两片纸样，加入需要的松量，在裙片侧边再增加额外松量，修顺底边弧线，保证圆顺连回腋下部分，加入松量部分弧线外凸。

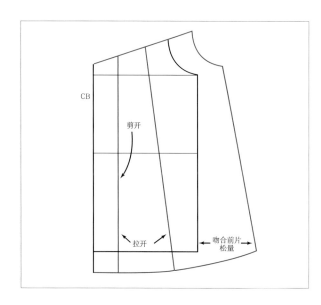

步骤5

沿着后片纸样上分割线剪开纸样。

重新在纸上拓印后片纸样。

从腰围线向下量取需要的裙长。

将纸样的上顶边和底边线同时拉开，加入所需要的松量。

在裙子的侧边再添加松量，和前侧片的松量平衡吻合。

胸下分割带

睡衣胸下分割带用来调整为了舒适度和行动方便所设置的松量。如果后片松量通过绳带调节的话，它们可以仅仅出现在前片从前中心线到侧缝线的下胸部位，也可以从下胸部一直延伸到后背。

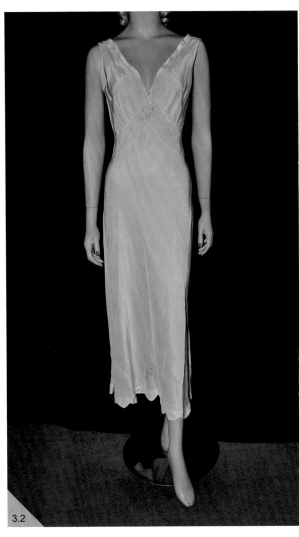

3.2

胸下分割带可以是任何长度和形状，可以在上臀围线处结束，也可以至前中心线或者后中心线更低部位。它也可以加入三角罩杯、软罩杯，甚至前后中心线处有或者没有开口的衣身片。该分割带可以用服装大身面料、对比色的相同面料、不同面料或者花边带制作。胸下分割带部位是加入刺绣和贴花装饰的最理想位置，它也可以通过褶缝或者缩褶来实现。

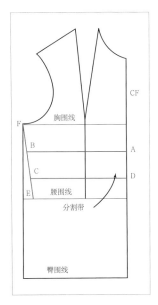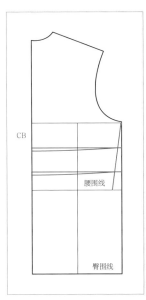

步骤1

在纸上拓印宽松原型纸样前片。

从侧缝线沿腰围线向里减少2.5cm，标记为点E。

将袖窿底点标记为点F，直线连接点E和点F。

在前中心线上，从腰围线开始向上量取一定的值，确定胸下分割带的起始位置。这个值可以小至2cm，将该点标记为点D。

从点D向线段EF画水平线，交点标记为点C。

从点D向上量取分割带的宽度，大约取6cm，标记为点A。

从点A向线段EF画水平线，交点标记为点B；或者，可以将这条线在前中心线处提高1cm，曲线连接该点回到点B。

后片的绘制步骤和前片相同。然后在后中心线处，将分割带的上下边都下降1cm，并作标记。曲线连接标记点和侧缝线上的点。

3.2 带胸下分割带的睡衣

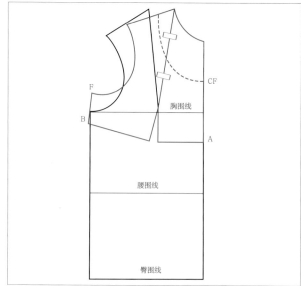

步骤2

为了获得该分割带造型，从BP点所在的向下竖直线上与腰围线交点处沿腰围线往两边各量取1cm，绘制省道。如果分割带仅在前侧而不延伸到后片的话，这个效果很好。

步骤3

沿分割带的上边线剪开，将上半身和分割带分离。

从上半身纸样底边沿对准BP点的竖直中线从下往上剪开到BP点，合并肩省用胶带黏合。

降低加宽领围线，或者增加一个前片开口。

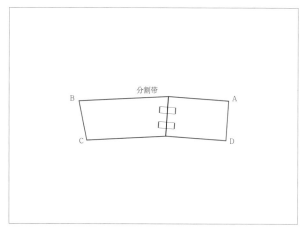

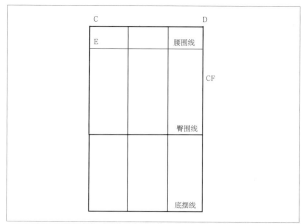

步骤4

沿着分割带的下边线剪开，将分割带从裙片中分离。

闭合分割带上的省道，用胶带粘合。

步骤5

将裙片纸样拓在纸上。

从前中心线和侧缝线向下量取需要的裙长，绘制下摆。

为了增加裙子的蓬松量，在裙身画竖直线。

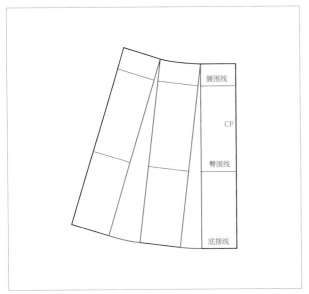

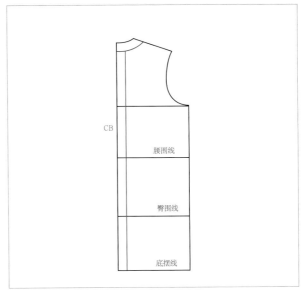

步骤6

　　沿着绘制的竖直线剪开纸样并展开加入需要的松量。

　　如果希望裙子和分割带的缝合处有抽褶或褶裥的话，也可以展开裙子上边线。

　　使用曲线尺，修顺下摆弧线。

步骤7

　　拓印宽松原型的后片。

　　从腰围线开始沿着后中心线和侧缝线向下量取需要的裙长，绘制底边。

　　降低领围线，确定新的领围线在前后片肩线处相吻合。

　　从后中心线与领围线交点处，沿领围线向右量取5cm，过这个点垂直向底边绘制竖直线。

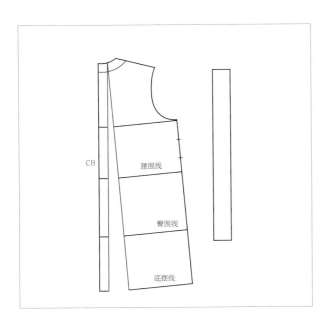

步骤8

　　沿着该线剪开纸样，在下摆处打开至需要的松量。

　　和前片相对应，在侧缝线处也增加一定的松量。

　　在侧缝处打剪口来标记分割带的位置，该处将放置带扣。

　　绘制一条和胸下分割带宽度相等的腰带纸样，长度根据需要确定。

有胸下分割带和垂荡领的斜裁睡袍

这类睡袍采用斜裁的方式来获得悬垂的领围线，并有一个胸下分割带或者育克。

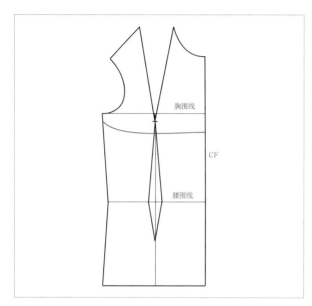

步骤1

拓印紧身原型前片纸样。

沿胸围线向下测量2.5cm，通过该点从前中心线开始向侧缝线画弧线，距离袖窿点下5cm处结束弧线。

沿着该线剪开，将上身纸样从裙身分离出来。

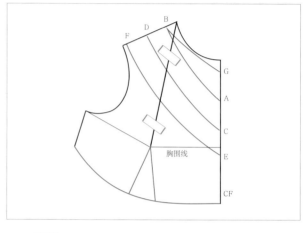

步骤2

沿胸省的中线剪开纸样，用胶带黏合肩省。

为了获得垂荡领，从前中心线到肩线绘制三条稍弯的弧线，第一条弧线的起点在胸围线下面一点。将最靠近领围线的那条弧线在前中心线上的点标记为点A，落在肩线上的点标记为点B；剩下两条线同理，从上往下分别标记为弧线CD和弧线EF。

将领围线与前中心线的交点标记为点G，从点G画直线到点B。

沿着线段BG剪开，移除最上部分纸样。

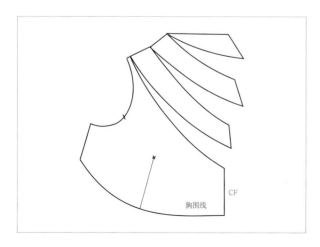

步骤3

沿着前中心线处引出的弧线剪开至距离肩线3mm处，后面保留不剪开。

沿线将各个样片拉展开，线与线之间距离最少2.5cm（拉开的距离越大，领子的悬垂度越大）。

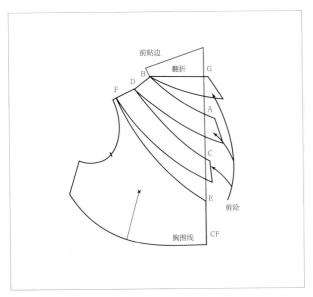

步骤4

　　取一张足够大的新纸，能够拓下前片衣身，并在纸的中间画一条竖直线，该线为前中心线。

　　将展开后纸样的前中心线放置在该线上拓印纸样，并剪除超过该条新前中心线部分。

　　向上延长前中心线7.5cm用作贴边。过该延伸点向肩颈点方向画线，使得贴边宽度呈锥形减小。最后，向肩颈点线画垂线，标记肩颈点为点B。

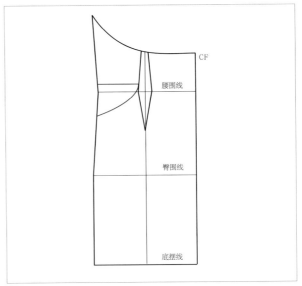

步骤5

　　将裙片纸样拓在纸上。

　　从腰围线向下沿着前中心线和侧缝线量取需要的裙长，绘制下摆底边。

　　在侧缝线上，从腰围线向上量取2cm，作标记点，过该点向省边绘制水平线。

　　用曲线尺向侧缝线画一条弧线，终点距离腰围线大约5~7.5cm，可以得到一个三角片，将腰围线调整到上臀位置。

　　将三角片从裙身剪下作为单独的样片。

步骤6

　　沿着省道中线向下剪开纸样到底边，将上半部的省道用胶带闭合。

　　用曲线尺修顺底边弧线。

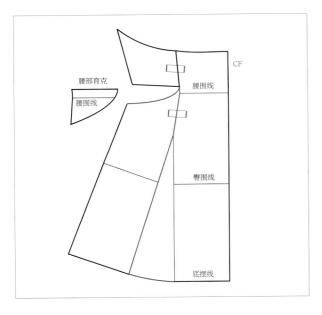

袖子

睡裙的袖子类型多种多样，从带克夫、飘逸的或者蓬起的长袖，到和服袖或者插肩袖。袖口有丝带、松紧带或纽扣，可以用缩褶或刺绣来装饰。

3.3 泡泡袖睡裙

插肩袖

插肩袖从腋下延伸到领围线，包含肩线。它是一种穿着舒适的宽松袖子款式，很适合用在睡衣上。

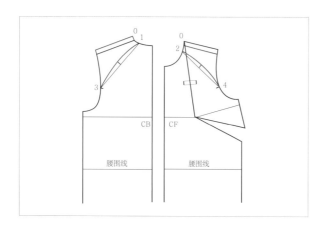

步骤1

拓印宽松或者紧身原型的前片和后片纸样。

后肩线抬高1cm，前肩线下落1cm。将前后肩颈点标记为点0。

在后片上，沿领围线从0点往下量取3~5cm，标记为点1。

在前片上，沿领围线从0点往下量取3~5cm，标记为点2。

连接点1和后袖窿弧线上的对位点，标记该点为点3。

连接点2和前袖窿弧线上的对位点，标记该点为点4。

将这两条线二等分，从二等分点处垂直向上量取大约6mm，作标记点。

过新标记点，连接点1和点3画弧线；同理，过新标记点连接点2点4画弧线。

沿着这两条弧线剪开前后纸样。

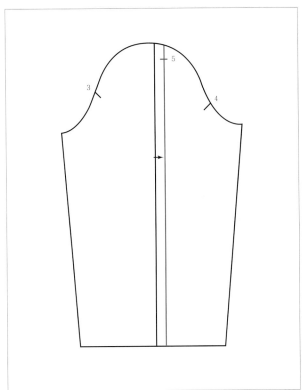

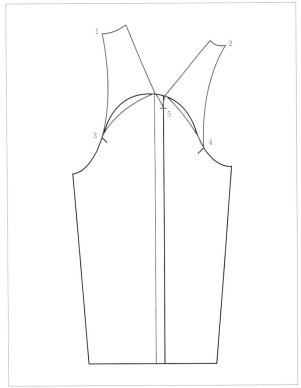

步骤2

拓印67页袖子纸样。

将袖中线向前方向平移1cm，画竖直线。

从平移后线的顶点向下量取2cm，标记为点5。

将前袖窿弧线上的对位点沿线向上移动3cm，重新
标记为点4。

将后袖窿弧线上的对位点标记为点3。

步骤3

将步骤1取出的后肩片放在后袖山上，使两个纸样上
的点3对位重合。

将前肩片放在前袖山上，使点4对位重合。

重新绘制前后片的肩线，使它们圆顺连回点5。

拓印新的插肩袖纸样。

插肩蝴蝶袖

插肩蝴蝶袖具有圆顺的袖山和蓬松飘逸的袖摆。袖长通常到肘部或者肘部往上一点，插肩的样式使得蝴蝶袖变得更宽松。

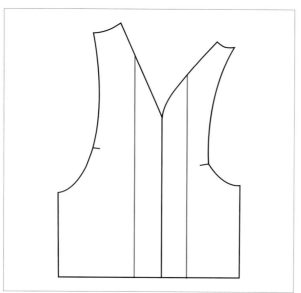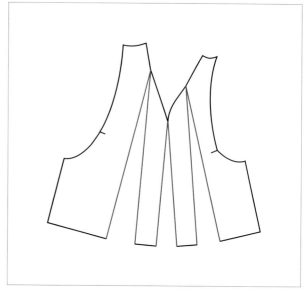

步骤1

将插肩袖纸样拓在纸上。

在距离袖中线两边5cm处，各画两条竖直线。

步骤2

沿着这两条竖直线和袖中线剪开纸样直至离肩线约3mm处。

将纸样展开至所需的松量。

用曲线尺重新画顺袖子的底边线。

步骤3

重新在纸上拓印袖子纸样，加入所有记号点、对位点和缝份。

落肩泡泡袖

落肩泡泡袖可以在领围线或者更低处抽褶。根据下文的操作方法，落肩泡泡袖的肩线可以下落到露肩的效果。领围线和袖摆可以抽褶并加以斜裁滚边或者缩褶装饰。另外，袖摆可以用弹性带装饰。落肩泡泡袖可以长及肘部，也可以设计成盖袖。

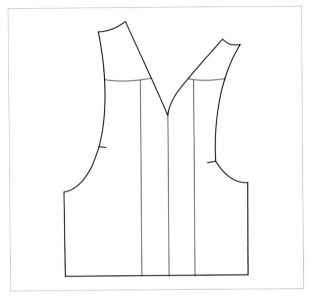

步骤1

将插肩袖的纸样拓在纸上。

在距离袖中线前后两边5cm处各画一条竖直线。

在袖山高水平线上，在前后袖片上从肩线到袖窿弧线各画一条线，此为新的领围线。

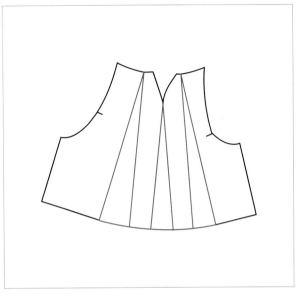

步骤2

移除新领围线上面的袖山纸样。

沿着两条竖线和前中心线剪开纸样至距离领围线大约3mm处，拉展纸样获取需要的松量。

延伸袖子到需要的长度，重新画顺袖子下边弧线。

步骤3

用曲线尺连接并画顺前后袖片领围线，并移除省道。

可以依据所选款式的前后衣身纸样来调整领围线，从而使其适合袖窿边。

沿袖子外缘加上缝份、对位点和全部标记。

注意：如果希望领围线处有一定的松量，可以将竖线直接从袖口到领围线处剪开，从领围线到袖口都拉开纸样以加入松量。

连身袖

连身袖的袖子和衣身是连在一起的。

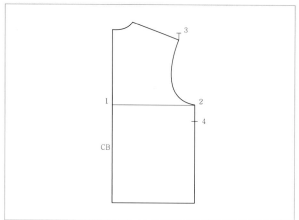

步骤1

拓印宽松原型后片纸样。

在袖隆深线上作记号点，将袖隆深线与后中心线的交点标记为点1，与袖窿弧线的交点标记为点2。

将肩点上抬1.5cm，标记为点3。

从点2向下量取1/4袖隆深，标记为点4。

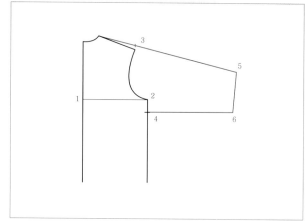

步骤2

从肩颈点向点3画直线并延伸至袖长长度，将终点标记为点5。

从点5向下画直线的垂线，取长度为1/2手腕围+2.5cm，终点标记为点6。

连接点4和点6。

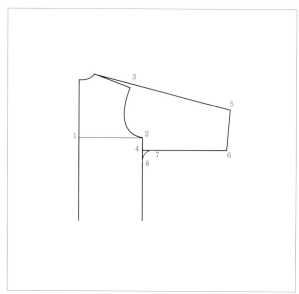

步骤3

为了绘制腋下弧线，从点2向下量取7cm，标记为点8。

从点4画一条长度是7cm的水平线，端点标记为点7。

过点8、点7画弧线。

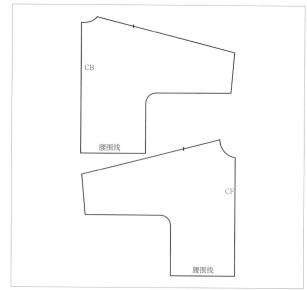

步骤4

重复步骤1，画前袖片纸样。

拓印前后片纸样，标记对位点。

圆装袖

圆装袖是一种缝入衣片袖窿的袖子。下面例举的所有款式可以用贴体袖原型、宽松袖原型或者针织袖原型来创建。圆装袖可以有各种不同款式，包括灯笼袖、蝴蝶袖、泡泡袖和盖袖。

灯笼袖

灯笼袖是一种宽松的泡泡长袖。

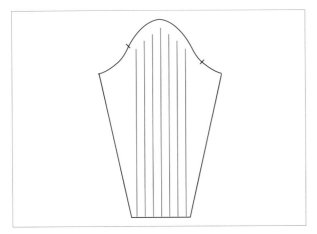

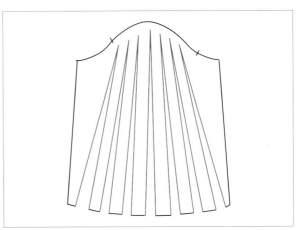

步骤1

拓印袖子基本型纸样。

从距离袖山弧线2.5cm处开始，向袖口绘制5~7条均匀分布的竖直线。

步骤2

沿着竖线剪开纸样并在袖口底部处各自拉开2.5~5cm的宽度。

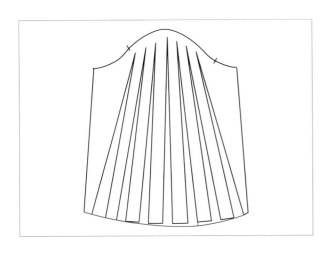

步骤3

从后向前沿袖子下边取3/4新袖肥并作标记点，从该标记点垂直向下画2cm长线段。

通过该线段的下端点画袖口弧线。

步骤4

重新拓印袖片纸样并添加缝份。

蝴蝶袖

蝴蝶袖是一种宽松、柔软浪漫的短袖，它属于灯笼袖的变化款短袖。

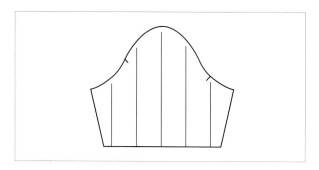

步骤1

拓印袖子纸样。

从上臂根线向下量取需要的袖长并画好袖口线。

从距离袖山弧线2.5cm处开始，向袖口绘制5~7条均匀分布的竖直线。

步骤2

沿着竖线剪开纸样并在袖口底部各自拉开2.5~5cm的宽度。

步骤3

将完成的纸样重新拓印并添加缝份。

泡泡袖

泡泡袖在袖山和袖口处都有很多松量，可以用克夫或者弹性带将这些松量抽褶。

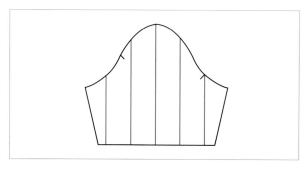

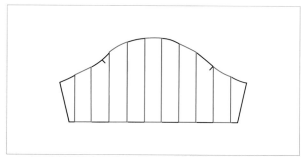

步骤1

拓印袖子纸样。

从上臂根线向下量取需要的袖长并绘制一条直线作为袖口线。

从袖山往下绘制5~7条均匀分布的竖直线。

步骤2

沿着这些竖直线剪开，各自展开2.5~3.8cm，展开量取决于想要的宽松程度。

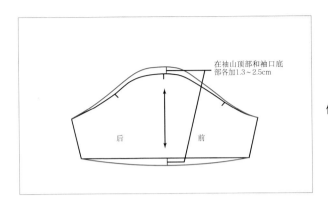

步骤3

将袖山向上增加1.3～2.5cm。

沿着上抬后的袖山,重新修顺袖山弧线。

在袖子的底边往下延长袖中线1.3～2.5cm,用弧线
修顺袖口线。

添加缝份。

(图注)在袖山顶部和袖口底部各加1.3～2.5cm

羊腿袖(宽松袖山)

这种袖子仅仅在袖山上有很多宽松量,袖子下
半部分或袖口是合体的。

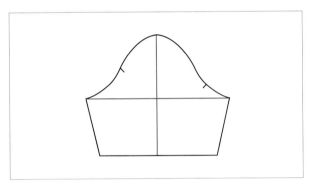

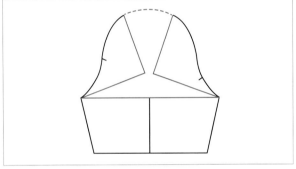

步骤1

拓印袖子纸样。

从上臂根线向下量取7.5～12.5cm需要的袖长,画
袖口线。

步骤2

沿着袖中线从袖山到上臂根线剪开。

沿着上臂根线向两边剪至距离终点3mm处。

展开纸样直到获得需要的袖山松量。

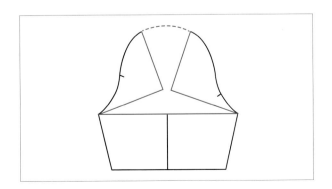

步骤3

将最终完成的纸样重新拓印。

盖袖

顾名思义，盖袖只有袖山部分。

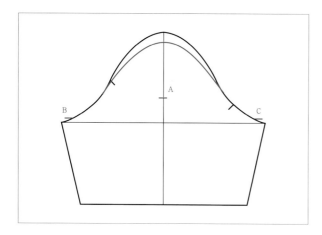 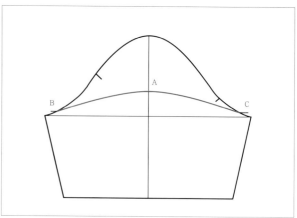

步骤1

拓印袖原型纸样上臂根线到袖山部分。

将袖山高减小1cm以消除袖山松量。

重新绘制袖山弧线。

从上臂根线沿着袖中线向上量取2.5～5cm，标记为点A，这是袖长。

从上臂根线沿着两边的袖山弧线分别向上量取2cm，并标记为点B和点C。

步骤2

过点B、A、C画弧线为袖口线。

步骤3

在纸上拓印袖子纸样并添加全部记号点、剪口和缝份。

衣领

立领和小圆翻领是睡衣常用的两种领子。多用荷叶边和褶边装饰领围线,有时直接用它们做领子,有时用它们装饰领边。

3.4 以蕾丝花边装饰的小圆翻领睡衣

小圆翻领

小圆翻领平贴在领围线上。它最初是为1905年百老汇出品的戏剧《彼得和温迪》中莫德·亚当斯饰演的彼得潘穿着的戏服而设计的。小圆翻领可以用镶边,也可以用流行面料制成的荷叶边或蕾丝修饰,还可用刺绣装饰。

将前后片在肩线处拼合,在袖窿处将肩线重叠2cm。

绘制需要的领子形状。

将领子纸样拓在纸上,在肩线处打一个对位记号。

沿外围给领子添加缝份。

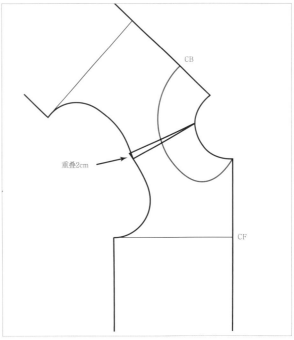

立领

立领是一种高2.5～10cm的领型。它可以使用镶边，也可以用流行面料制成的荷叶边或蕾丝修饰，还可用刺绣或者抽褶装饰。

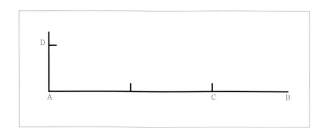

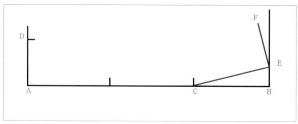

步骤1

从前中心线到后中心线量取领围线长度。

画一条等于该领围长的线段，将线段的左端点标记为点A，右端点标记为点B。

将这条线三等分，将靠近点B的等分点标记为点C，另一个等分点标记为肩点的对位点。

从点A向上画垂直线，长度为领高，标记为点D。

步骤2

从点B向上画垂直线。

从点B向上量取6mm，标记为点E。

连接点C、点E。

过点E向上绘制线段CE的垂线，长度为领高，端点标记为点F。

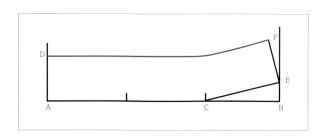

步骤3

过点D、点F绘制弧线，与曲线ACE平行。

步骤4

添加缝份和区别标记。

三角插片

三角插片可以加在任意底边上，通常是一片三角形布料，缝在分割线之间或者裙子袖子底边的开口处。它们可以有各种长度，甚至在同一件衣服上可以有不同长度组合使用。

三角插片越宽，添加在底边处的松量就越大。如果三角插片的长度低于裙子下摆，那么裙子下摆的形状也会改变，形成手帕式的下摆。三角插片的面料可以和服装其他部分的面料在质感上，或者颜色上形成对比。

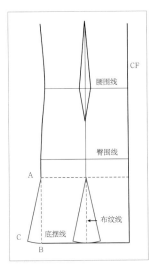 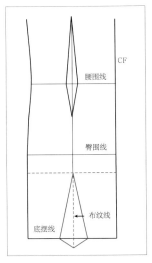

步骤1

算出三角插片长度，从裙摆向上量取该长度，上端点标记为点A，下摆上的点标记为点B。

从点B向外延伸需要的三角插片的一半宽度。量取线段AB的长度，过点A向延伸的下摆量取该线段长，并将端点标记为点C。

连接点A、点C，过点C向点B画下摆弧线（其中线段AB长度等于线段AC长度）。

也可以将下摆线画成尖形而不是弧形。

增加布纹线，布纹线方向为从三角插片顶点指向下摆的竖直方向。

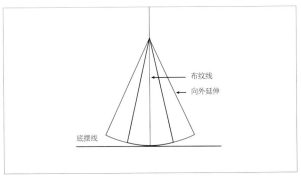

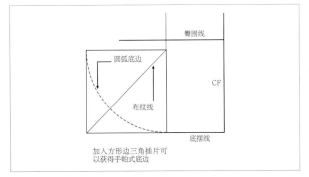

步骤2

将一张纸对折，并把对折线放在三角插片纸样的中心线上，确保纸样是对称的，并拓印插片形状。

为了增加三角插片的饱满度，需要延伸下摆线，确保延伸后的边线与插片中心线长度相等。

沿着三角插片边缘剪开。

打开纸样，沿着折线画一条直线，此为布纹线。

为插片纸样添加缝份、对位点和所有标记。

如果想要手帕式的底边，可以剪一块正方形面料作为插片，底边可以是圆的，或者保留尖点。

睡衣睡裤（Pajamas）

还有什么比晚上窝在棉质法兰绒睡衣里更舒适的事情呢？"Pajamas"这个词来源于印度语"Pājāma"，表示"覆盖住腿"的意思。它们一开始是给男人和男孩穿着的，在1870年左右，由传教士和殖民者从东方引入西方。

睡裤可以是很长很宽松的款式，可以是紧身裤、直筒裤，或者短裤。睡衣通常是传统的长袖或者短袖衬衫、套头式带束腰上装或者背心。睡衣睡裤的面料可以是奢华的真丝和棉织物，或者平纹单面针织面料，并用镶边、刺绣、花边、缎带装饰。

传统睡衣

使用宽松原型纸样绘制传统睡衣上装。

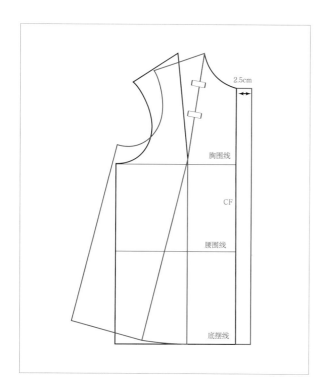

步骤1

拓印宽松原型前片纸样。

从省尖点向底边画竖直线。

沿着竖直剪开纸样，闭合肩省，省道松量转移到底边。

从腋下到底边重新画侧缝线，使新侧缝线与底边成垂线。

前中心线向外2.5cm画竖直线作为纽扣门襟，将该竖直线端点与领围线、底边相连。

步骤2

重新拓印前片纸样。

为了加前贴边，把门襟右边作为对称线，将前领围线向外画对称线，同时将肩线向袖窿方向延伸2.5～3.8cm并对称。

沿底边向外量取7cm。

画一条线连接对称后的肩线和延长的底边。

添加缝份。

步骤3

拓印宽松原型纸样后片，不做任何改变。

添加缝份。

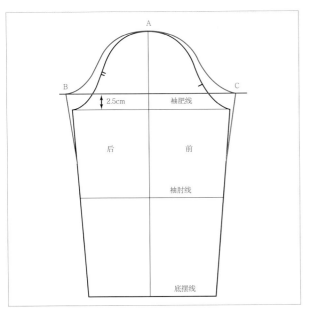

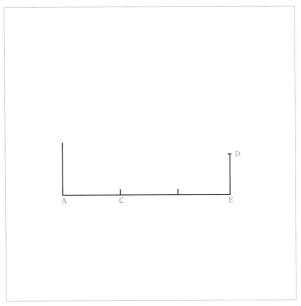

步骤4

拓印宽松袖原型纸样。

从上臂根线向上量取2.5cm，画水平线。

将袖原型纸样放在纸上，使其顶点与拓印纸样顶点重合。以肩点A为圆心向后旋转袖原型，当原型的后袖弧线端点与新的水平线相交时，标记该位置为点B。

同理，以A点为圆心向前旋转袖原型，当原型的前袖弧线端点与新的水平线相交时，标记该位置为点C。

直线连接点B、点C。

从点B向下袖底画线，点C同理。

添加缝份。

步骤5

从前中心线到后中心线量取前后领围线长。

以该长度画一条直线，将直线的左端点标记为点A，右端点标记为点E。

将这条线三等分并作标记，将靠近点A的等分点标记为点C。

过点E向上作垂线，取长度为领宽，即3.8～7.5cm，终点标记为点D。

从点A向上作垂线。

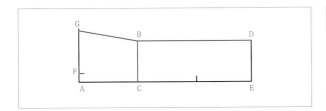

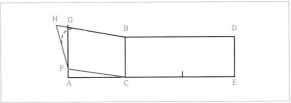

步骤6

从点C向上作垂线，取长度为领宽，终点标记为点B。

连接点B、点D。

从点A向上量取6mm，标记为点F。

从点F向上量取领宽，终点标记为点G。

连接点G、点B。

步骤7

沿着线段BG向外量取1.3cm，标记为点H。

连接点H、点G。

连接点H、点F，连接点F点C。

为了得到弧形的领角，在点H周围画弧线。

拓印领子纸样并添加缝份。

传统睡裤

为了舒适度，睡裤裁剪很宽松，从前片开始绘制。

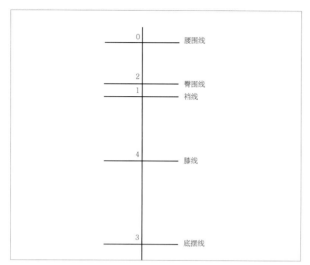

步骤1

在纸的正中间画一条竖直线，取长度为裤长，将线的上端点标记为点0，下端点标记为点3。

在点0的下面向两边画一条水平线，标记为腰围线。在点3的下面向两边画水平线，标记为裤脚线。

从点0向下量取立裆长+1cm，标记为点1。过点1向两边画水平线，标记为裆线。

从点0向下量取腰到臀的长度，标记为点2。过点2向两边画水平线，标记为臀围线。

沿着线段（1，3）1/2处向上取5cm，标记为点4。过点4画水平线，标记为膝围线。

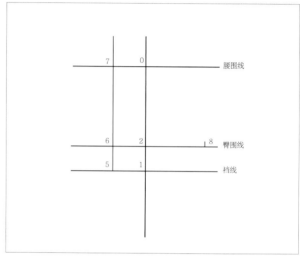

步骤2

从点1水平向左量取1/12臀围+1.5cm，标记为点5。

过点5向上画垂线，与臀围线交点标记为点6，与腰围线交点标记为点7。

从点6向右水平量取1/4臀围+1cm，标记为点8。

步骤3

从点5向左水平量取1/16臀围+1cm，标记为点9。

从点7向右水平量取1cm，标记为点10。

从点10水平向右量取1/4腰围，标记为点11。

连接点10和点6。

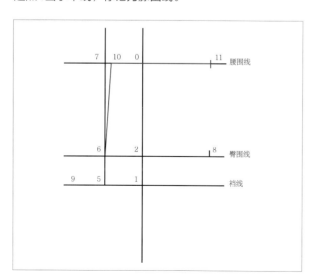

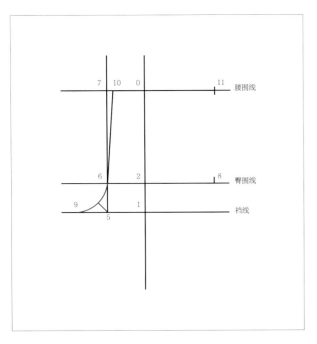

步骤4

从点5沿45°角向外引线，线段长度由纸样尺码确

定：

尺码6～14——线段长3.5cm

尺码16～24——线段长3.8cm

参见23页英国制与欧洲制尺码转换表。

弧线连接点6和点9，并通过点5引出线段端点。

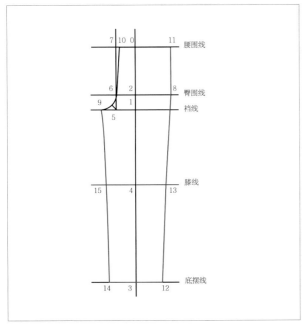

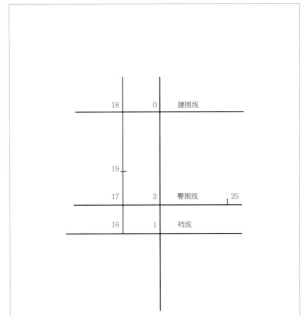

步骤5

前脚口宽度大约为20cm，从点3向两边各取10cm
画水平线，脚口线与侧缝的交点标记为点12，与内缝的
交点标记为点14。

连接点11和点8，继续连接点8和点12。

连接点9和点14。

过点4向两边画水平线，与线段（8，12）交点标记
为点13，与线段（9，15）交点标记为点15。

在线段（9，15）的中点垂直往里量取2cm，作标
记，用曲线尺通过该标记点重新画顺弧线（9，15）。

步骤6

睡裤后片纸样重复步骤1进行绘制。

从点1水平向左量取1/12臀围+1.5cm，标记为点16。

从点16向上画垂直线，与臀围线交点标记为点17，
与腰围线交点标记为点18。

将线段（16，18）二等分，等分点标记为点19。

从点17向右水平量取1/4臀围+2cm，标记为点25。

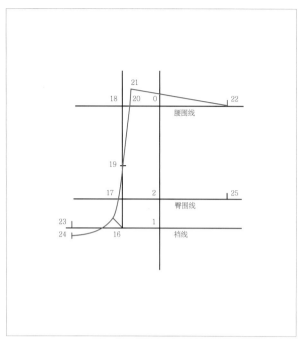

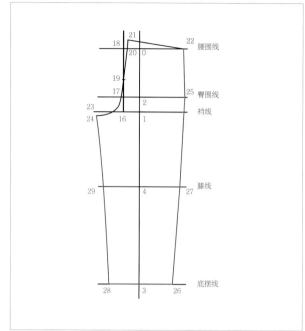

步骤7

从点16沿着裆线向右量取前片线段（5，9）长度的一半，标记为点23。

从点23垂直向下量取3mm，标记为点24；从点18水平向右量取2cm，标记为点20。

连接点19和点20；从点20沿线向上延伸2cm，端点标记为点21。

从点21引出一条长度为1/4腰围的斜线，端点落在腰围线上，标记为点22。

从点16沿45°引线，线段长度由纸样尺码确定：

尺码6～14——线段长4.5cm

尺码16～24——线段长5cm

参见23页英国制与欧洲制尺码转换表。

弧线连接点19和点24，并通过点16引出线段端点。

步骤8

后脚口宽约为23cm，从点3沿着脚口线向两边各取11.5cm，与侧缝的交点标记为点26，与里缝的交点标记为点28。

连接点22和点25，继续向下连接点26。

连接点24和点28。

从点4向两边画水平线，与线段（25，26）交点标记为点27，与线段（24，28）交点标记为点29。

在线段（24，29）的中点垂直往里量取1cm，作标记，用曲线尺通过该标记点重新画顺弧线（24，29）。

重新拓印前后裤片纸样，添加所有记号点和缝份。

绳带领口上衣和裤子

系绳带的领口需要在制板时加宽领围线，这样才能在成衣后通过绳带或者松紧带拉出细褶效果。领下围还可以用荷叶边装饰。睡裤可以做成穿松紧带或者绳带的短裤。

3.5 绳带领口睡衣

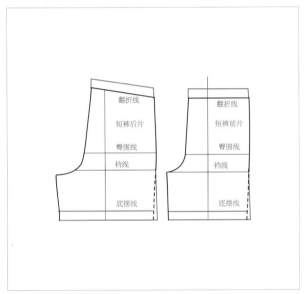

步骤1

做短裤时，拓印传统睡裤前后片样板（95页的步骤5和96页步骤8）。

画直裆线到脚口线的侧缝线，保证侧缝线与水平线成90°，将前后片从裆线分别沿着里缝向下量取3.8cm，沿侧缝向下量取5cm，或者需要的短裤长度。

前后片的脚口线分别向下加长2.5cm。

前后片的腰头部分分别向上增加2.5cm作为腰头贴边。

步骤2

做上衣时，拓印宽松睡衣原型前后片纸样。

将前领围线二等分，标记等分点，连接该等分点和肩省省尖点。

将该记号点和前中心线间的领围线二等分，标记等分点，并过该等分点向下摆画竖直线。

画一条更低更宽的新领围线。

将肩点沿着肩线向里收1cm，将袖窿底点下落1cm。用曲线尺画一条新的袖窿弧线。

在腰围线下7.5～10cm处，从前中心线向侧缝画线，标记褶边位置。

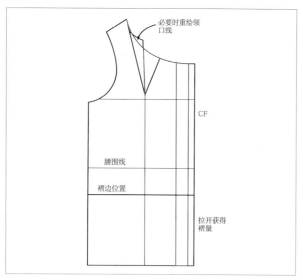

步骤3

沿着从领围线到肩省尖的那条新画线段剪开纸样，并闭合肩省。

沿着新领围线和袖窿弧线裁剪纸样。

沿着从领围线到下摆的那条直线剪开纸样，拉开前片以获取需要的抽褶量。

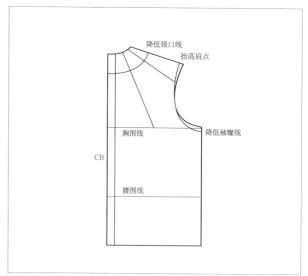

步骤4

后片纸样：从后中心线向右2.5cm处从领围线向下摆绘制一条竖直线。

将领围线二等分，从等分点向胸围线画斜线。

将二等分点右边的领围线继续二等分，从新的等分点向袖窿弧线画斜线。

画一条更低更宽的领围线，在肩线处与前片匹配。

将肩点沿着肩线向里收1cm，袖窿底点下落1cm。

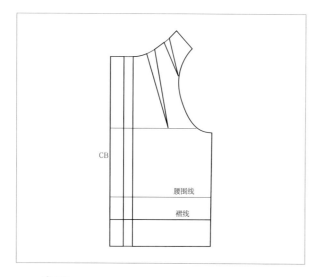

步骤5

沿着之前画的三条线剪开纸样，并像前片那样展开。在上臀处画一条水平线，作为褶边位置。

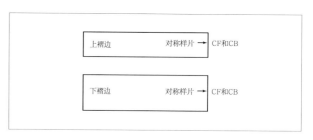

步骤6

绘制褶边纸样，测量前后衣片上褶边放置处的线段长，画一条该长度两倍长的线段。

确定褶边的宽度，画一个矩形，将矩形的一条竖边标记为前、后中心线，并标注纸样对称标记。该纸样为上褶边。

绘制另一个矩形，长度和第一个矩形相同，宽度比第一个矩形至少宽2.5cm，将一条竖边标记为前、后中心线，并标注纸样对称标记。该纸样为下褶边。

宽松便服和化妆衣

第一件便服出现在18世纪的法国，很长很重，纯粹为实用而设计。后来，在20世纪40年代到70年代变得流行起来。它们通常使用透明或者半透明面料制作，采用蕾丝、缎带，甚至羽毛进行边缘装饰。

化妆衣是一种通常采用透明的雪纺面料制作的长外衣。化妆衣的里面通常不穿内衣，然而便服的里面通常穿内衣或睡袍。化妆衣起初是在洗漱、化妆时穿的一种长裙。

3.6 一件带蕾丝装饰和腰带的便服

3.6

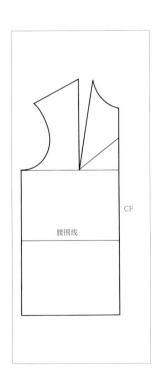

步骤1

拓印宽松原型的前后片纸样。

在前中心线上，测量获得领口线和胸围线之间长度的中点，标记该点，并且将它与肩省省尖（BP点）相连。

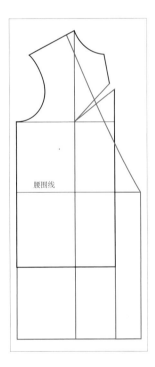

步骤2

沿着前中心线到BP点的线段剪开纸样，闭合肩省。

延长侧缝线和前中心线到需要的长度，绘制一条新的底边线。

从肩颈点向底边垂直画线。

在腰围线和新底边线上分别水平向右延长15cm。

连接延伸后的下摆线和腰围线。

沿着肩线将领口线下落，将下落后的点与延伸后的腰围线相连，绘制一条新的领口线。

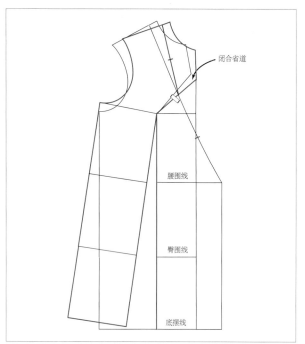

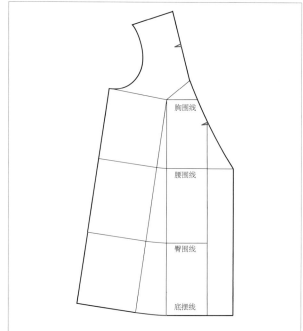

步骤3

　　剪开从底边线到省尖的连接线，闭合胸省，打开下摆上的省道。

　　将从刚刚闭合的省道位置到肩线将领口线二等分，标记等分点；将从省道闭合位置到腰围线处下段领口线二等分，标记等分点。

步骤4

在每个标记点处画一个1cm长的小省道。

步骤5

用胶带粘合合并这两个省道。

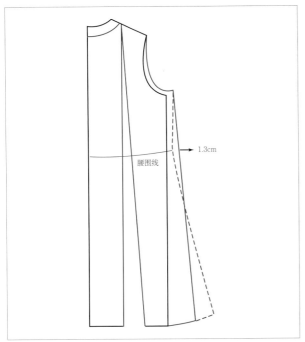 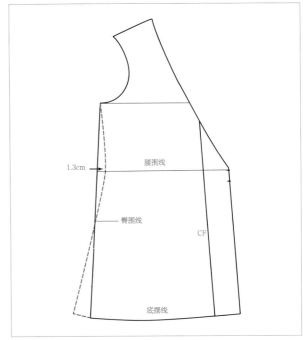

步骤6

延长后片纸样，保证前后衣长相等。

将后片腰围线二等分，从该等分点向上往肩线、向下往底边线画竖直线。

沿着竖直线剪开纸样，展开到需要的松量。

在侧缝线处将腰围线向外延伸1.3cm，标记记号。

从袖窿底点开始，通过腰围线上的记号点，并向下连到底边画弧线，根据需要也可以在底边增加一定的松量。

步骤7

在另一张纸上拓印前片纸样。

在侧缝线位置将腰围线往里收1.3cm。

添加所有记号点和缝份，标记前片蝴蝶结位置，添加想要的袖子。

4 吊带裙、内裤、衬裙、睡衣缝制工艺

　　如今出售的大多内衣和睡衣必须满足耐用、易清洗、可替换这些特点。服装的售价决定了缝制工艺、面料选择和装饰效果。低端市场服装锁边毛糙，采用针织棉以及人造面料制作，装饰很少。高端品牌、传世品牌以及高定内衣和睡衣则采用真丝、优质针织或梭织棉麻制成，有些梭织服装还会使用斜裁。这些服装用法式缝合或平接缝，加上蕾丝贴边、圆形扣眼，使用机器和手工结合缝制工艺的肩带。过去几十年来，高端设计师品牌内衣和睡衣都采用这些手法，不曾改变过。

斜裁

面料使用45°斜向布纹比使用垂直布纹制成的服装更有弹性、垂坠感和流动感，因为内衣和睡衣使用轻薄的面料，斜向布纹可以加强面料已有的强力和弹性，更加贴合人体。

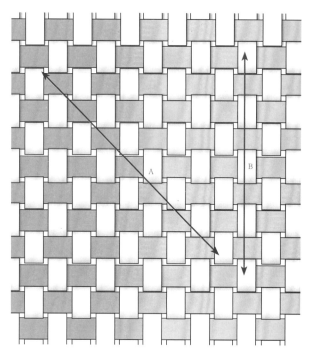

面料布纹线
A：斜向布纹线
B：直布纹线

梭织面料是由直丝方向的垂直纱线（也称经纱）和横丝方向的水平纱线（也称纬纱）织造而成的。

正斜向布纹线与经纱和纬纱呈45°角。通过在面料上沿垂直布纹线方向使用一套直角尺或者用粉笔画一个边长2.5cm的正方形，然后画正方形的45°角对角线，来找到斜向布纹线。

斜向布纹线和横向布纹线

斜向布纹有时候会被当作横向布纹，但从技术层面来说，横向布纹是指面料两布边之间的水平布纹，即纬纱方向，所以不要搞混了。

使用斜裁

花点时间来反复检查以确保纸样在面料的正斜向布纹线上，如果有细微的偏差，最终的成衣就可能会变形或者穿起来不好看。此外，在侧缝线多留一些缝份，因为这些缝边会缩进，使服装变长。出现这种情况是因为经线和纬线有不同的张力。服装的纸样一经剪裁，均匀地在底边加上重物并在衣架上挂两天，让斜向布纹充分延展。

接缝和缝合效果

内衣和睡衣的接缝要承受一定的压力和拉力，因为内衣由精致、柔软，有时是透明的布料制成，接缝的选择非常重要。

接缝需要平整且做工干净，因为接缝和皮肤接触，不能摩擦或擦破皮肤。它可以藏起来或者夹在两个衣片之间，比如裤裆，或者露在外面并具有装饰性，或者用双线迹来加固。接缝的处理很重要，因为不想让线迹露在衣服的正面，或者脱散，这样就会破坏接缝，最终毁了服装。这就是为什么在高端市场上，内衣和睡衣的三个主要接缝处理用的是法式缝和明包缝，在平价服装中用的是锁边缝。

法式缝

法式缝就是将缝份对折，再用一条细线缝合。这是在缝线里再缝合，所以没有毛边。这种方法适应于轻薄面料，例如透明雪纺、乔其纱、欧根纱、蕾丝和查米尤斯缎。高端内衣和睡衣中会运用法式缝。

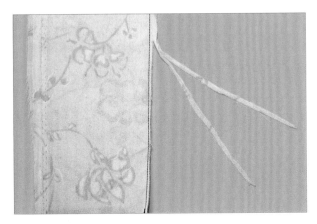

步骤1

用2.5~3mm的针距。如果可以的话，将缝纫机针移到一边，针脚会贴近面料边缘。将两块面料的背面相对，在缝份一半宽的位置缝合并烫平。把缝份剪至大约3mm。

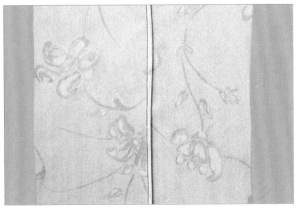

步骤2

把面料沿缝线折叠，使面料正面相对，封住缝份。从缝线顶端开始向下缝5针，然后倒车在面料边缘回缝，再向下按缝份宽缝合接缝，最后倒车回缝5针完成。

步骤3

烫平缝线。

明包缝

明包缝可以包住缝份的毛边。这种缝合方式很牢固，在面料正面有两排线迹，反面有一排。明包缝是在面料正面缝的，有没有折缝的压脚都可以，适用于大多数缝纫机。这种方法适用于大多数面料。

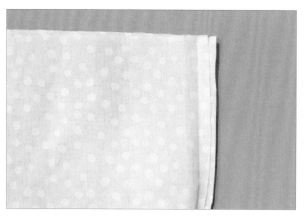

步骤1

用2.5~3mm的针距长，把一块面料放在桌子上，正面朝下；将另一块面料的正面朝上放在上面，其边缘比下面一块面料往里约6mm，错开缝份。

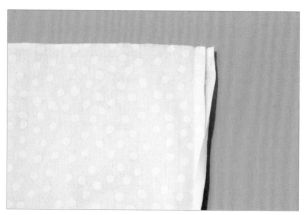

步骤2

把多出的缝份折起来包住上面的面料缝份，并沿折线烫平面料。

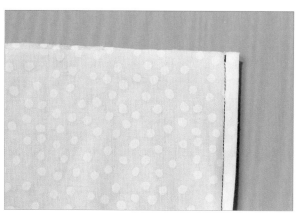

步骤3

在缝份中间缝合，贴着下面一层缝份的毛边。

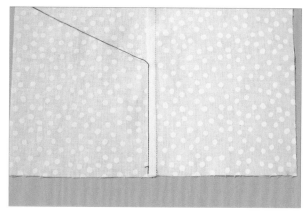

步骤4

打开布料，将其平放在桌子上，将缝份烫平，这样就能将毛边隐藏起来。使针脚贴近折线，向下缝至缝线长度，缝线的两端都需倒缝。

人字线迹平缝

分烫的平缝线通常不用于内衣的缝制，因为面料的毛边必须处理，而此种方法处理结果会增加缝线厚度，或者在精致、轻薄的面料上露出印子。没有分烫的平缝线又有包缝的毛边，这种方法用于低端市场的内衣。如果没有锁边机，可以用人字线迹缝合缝份，然后剪掉多余的缝份。

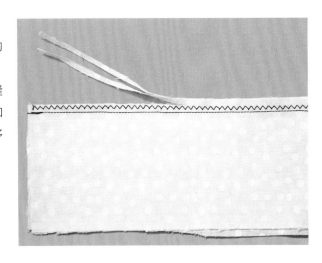

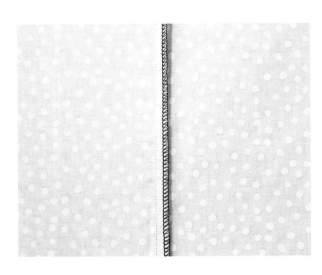

锁边平缝

用锁边机缝合是快速生产内衣的一种方法，尤其是对针织面料。锁边机可以同时缝合和处理缝份，缝合的缝份牢固且有弹性，如果张力设置正确，面料正反两面都看起来很平整。

锁边机的成圈线是在缝合时形成的圈。使用三根线来保持张力，第四根线穿过其他三根线的中间，并锁住它们，将会减少拉伸量。将线迹宽度设定在6mm，并在开始操作前把缝份剪成这个宽度。在烫锁边缝的时候要小心，突出的部分会在面料正面产生线条熨痕。

用于针织面料的精细人字缝线

如果没有锁边机，就使用小的人字线迹。人字线迹会使缝线具有一定的弹性，当拉伸缝线的时候，线迹就不会"嘭"地一下断掉。用2.5mm的针距、1mm的人字线迹宽度（参考缝纫机使用说明书来设置正确的线迹宽度）和一个适合布料克重的圆头针，然后在面料上缝合缝份。

烫平缝线，打开缝份，在原来的缝线上用3mm宽、2.5~3mm长针距的人字线迹缝合接缝。

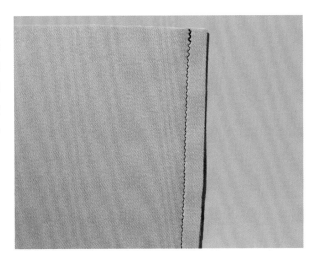

底边和底边效果

内衣的底边需要又小又软，面料的选择以及服装布纹线是斜向还是竖直方向，或者材质是针织面料，这些都是最终底边效果和其处理方式的重要影响因素。

针织面料底边的绷缝

可以用带有绷缝功能的锁边机，或者直接使用绷缝机。绷缝一般在面料的正面产生两行或者三行线迹，在反面产生平锁式线迹。在内衣中，绷缝是针织或者弹性面料服装处理底边的一种快速简单的方法。

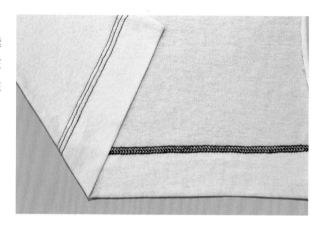

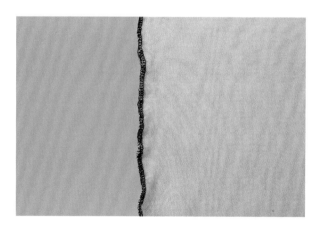

莴苣状底边

通过改变锁边机的不同喂入张力，将要进行褶边处理的面料放置在锁边机压脚下方，使面料边缘正好靠着切割刀片。当通过锁边机向前输送面料时，通过向外拉伸面料边缘并确保一定张力，获得莴苣状底边。在锁边的时候，机器可以切去多余的面料，产生干净整洁的褶边。

窄卷底边

窄卷底边被用在透明或者非常轻的面料上。底边的卷和缝可以手工缝，或者用带有卷边压脚的机器缝，这种压脚适用于大多数缝纫机。

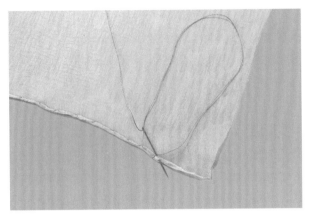

步骤1

手缝卷边：在食指和大拇指之间卷起面料的毛边形成一小段卷边，然后暗缝固定。沿着底边重复这个过程。

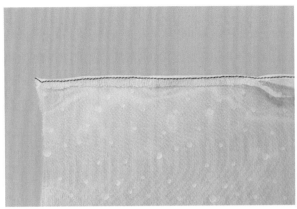

步骤2

机器卷边：在面料的边缘向反面折起约6mm毛边，在离折边尽可能近的地方用2.5mm针距缝制。

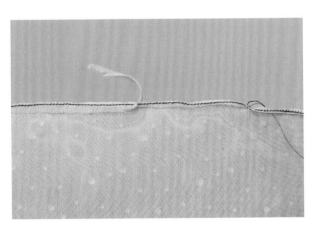

步骤3

沿缝线剪去多余的面料。注意，仅仅剪掉多余的量，而不要剪坏面料。

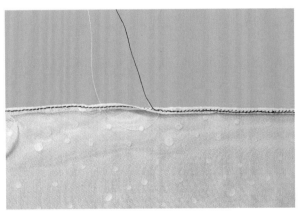

步骤4

再次将折边折叠包在缝线上，缝制固定。

滚条、丝带和蕾丝边

睡衣的领子和袖窿边可以用斜裁的滚条、丝带，或者窄边蕾丝处理。这些处理可以采用撞色、印花，或者不同的面料来实现，无论是在梭织还是针织面料制成的服装上，都会成为有趣的设计细节。

斜裁包边

大多数缝纫机器都有包边压脚附件，可以一步完成包边制作和缝制，也可以购买制作包边的工具或者机器。用这两种方法可以将斜裁面料条缝起来，向外拉伸时沿着两边把斜裁面料条的缝份向里折叠。两者的区别是，机器是加热折边，而手工工具需要在折边时人工压住带边。

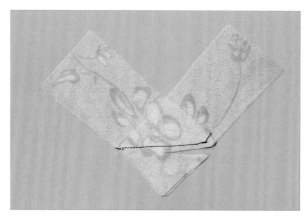

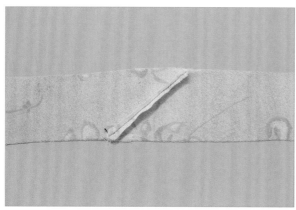

缝份

在内衣和睡衣中，袖窿、领口、袖口和开衩处的滚边缝份通常为1.3cm。

步骤1

在面料上剪一条斜向布纹的带子，带子宽度为缝份的两倍再加上1.3cm，加上的1.3cm将被分在带子两边，每边各留约6mm。可能需要连接一条或多条带子来得到所需要的长度。连接多条带子的方法是将斜向布纹的两条带子呈90°正面相对摆放，使上下面料的纵向布纹线吻合一致，再缝合，修剪至6mm缝份，将缝份分开烫平。

步骤2

可以从肩点或者腋下点开始，用别针将斜裁带子的正面和服装的反面相对，保持张力均匀。用2.5mm的针距将带子缝合，在带子重合端使用倒针缝加强缝线强度。

步骤3

烫平缝份，沿服装缝线向外侧烫平滚边。

步骤4

向缝份方向折叠尚未缝合的带子边缘并压烫。

步骤5

将带子的折边覆在服装面料正面上，这样可以包住接缝的毛边，并且正好和缝线重叠。用别针固定位置，沿带子的折边缝制，将它和服装缝在一起。

丝带边

丝带可以用在底边或者满身蕾丝、薄纱，或者透明面料的边缝处理中，也是处理荷叶边或者褶边的良好选择。用撞色的丝带可以使底边或者服装拼缝变得非常有趣。

步骤1

丝带的正面朝上，服装的反面朝向操作者，将丝带沿着面料毛边放好。

步骤2

沿里边缘缝合丝带，小心缝线一定要在丝带边上。

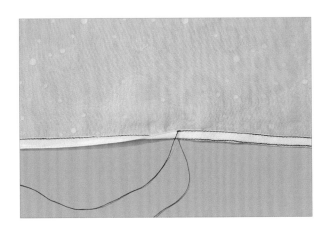

步骤3

将丝带折向服装的正面，这样可以包住面料毛边，在没有缝线的丝带另一边缝合，完成边缘处理。

蕾丝的处理

蕾丝广泛运用于内衣、睡衣和基础打底服装上。它没有布纹线，但是有特定图案，并且该图案在服装上的位置需要在裁剪和缝制之前考虑好。

拓印蕾丝，然后用纸质复印件作为模板，是在裁剪之前确定蕾丝纸样左右对称的一种又好又实惠的方法；也可以在裁剪之前，试着在蕾丝的后面喷浆料，然后压烫，使其获得一定的稳定性和强度。

斜接蕾丝角边

镶边蕾丝的角边可以斜接在一起，这样可以保证扇形边或者其他处理的完整性。

步骤1

为了确定蕾丝的宽度，沿着服装的边缘经过角边量取蕾丝。在蕾丝外边处标记长度，然后在标记处将蕾丝向后折叠。从标记处的背面面向蕾丝的里边画一条45°的线段。在这条线的外面画第二条线来标记6mm的缝份。沿第二条线剪开，当展开蕾丝的时候，V形可以移动。

步骤2

将蕾丝向后折叠在一起，沿着第一条线从角边向外边缝合。根据蕾丝纸样和宽度决定是修剪多余的蕾丝，还是将其分开压平。

步骤3

沿着服装边缘到斜接角边将蕾丝缝制固定；保持缝纫机的针下穿在面料里面，抬起压脚，转动机针下的面料，直至缝线面对操作者，继续将蕾丝缝制在服装外缘。

选择和缝制贴花蕾丝

贴花蕾丝是一种装饰手法，可以手缝或者机缝，也可以两者结合。蕾丝纹样可以单独购买或者从整幅蕾丝面料上剪下来。每种蕾丝有很多纹样，为我们提供了各种设计可能性，如一枝花、一片树叶，或者一幅画卷，又或者一组花。也可以用这个技术处理领口或者袖口处的毛边，可以从同一片蕾丝或者另外一片蕾丝上选择纹样。

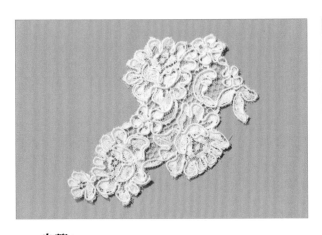

步骤1

拓印蕾丝，从纸上剪下纹样，这样可以在裁剪之前对贴花花边进行设计。小心剪出选择的纹样之前，在蕾丝背面喷涂浆料。尽可能多地剪掉纹样周围的网布。

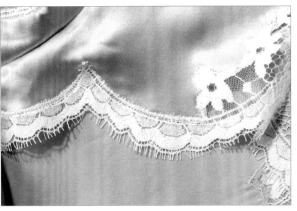

步骤2

把即将做成贴花的蕾丝纹样放置在面料上，在缝不到的区域小心地用别针固定。在其上使用一个宽的、透明的缝纫机压脚，选择与蕾丝纹样相配的颜色，用2mm针距沿纹样人字车缝，主要由缝纫机确定线迹宽为1.5mm纹样。通过压下机器上的推布齿条进行自由运动，使用织补压脚，更容易跟着蕾丝外部边缘缝；也可以用锁边绣沿蕾丝纹样边缘手工缝制贴边。

步骤3

小心地剪掉蕾丝后面的面料，留3mm的缝份。

领口贴边

如果在吊带背心的上边缘或者胸罩领口上加独立的蕾丝纹样，在缝合之前给每片蕾丝纹样加点张力，这样，当面料从后面剪掉后，它们可以放平。

给蕾丝贴花边

选用的蕾丝可能两边都有扇形边或者是带有金银花边的镜像蕾丝纹样。例如，蕾丝面料可能需要两种不同的边缘处理。这可以让一些图案区域有不同花边，或者完全没有花边。因此可以从任意剩余蕾丝片上剪下一片独立花边，并将其用到蕾丝上形成混搭边。

步骤1

把要贴花的服装平放在桌上。把这块面料边缘的纹样和剩下的蕾丝片边缘的纹样相匹配。在剩下的蕾丝上标记匹配图案位置，然后沿着边缘小心剪下。如果它们是蕾丝面料边的一部分，就要沿着纹样剪。

步骤2

在服装边缘固定新的蕾丝边，对好纹样并用针固定。如果沿着领口或底边贴花，纸样的形状可能意味着花边纹样会不平伏，就需要剪开花边来加长或缩短纹样间的距离，或微微重叠纹样。重新定位，直到它们固定时可以放平。

步骤3

落下缝纫机的推布齿条并换上织补压脚。使用1.5mm线迹宽度的小曲线迹，沿边缘使用织补操作手法慢慢缝合蕾丝。如有必要，可以加入任意修剪的蕾丝纹样。

步骤4

在服装背面修剪多余蕾丝纹样，留下一个3mm的小缝份。

用法式缝拼接蕾丝

对有着分散纹样的软质网状蕾丝，可以使用窄的法式接缝拼接缝份。

用贴花拼接蕾丝

在高级时装或高端内衣上经常使用贴花技术，用于缝合两处蕾丝纹样拼接的接缝。接缝上下的蕾丝纹样需要裁剪两个样片，然后把这些蕾丝纹样重叠，用手缝或机缝缝合，通过沿样片中纹样边缘缝制，可以塑造曲线状的缝线效果。

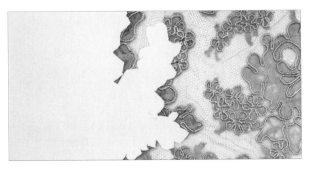

步骤1

复印蕾丝得到纸质复印件。将图案样片放置在纸质复印件上并在接缝处使蕾丝纹样相匹配，甚至可以用复印件，沿着样片边缘重新剪裁图案样片，并在接缝处添加重叠的蕾丝纹样。如果在多件服装上使用蕾丝，这个方法真的很好用。

步骤2

仔细将图案样片剪下，沿重叠的纹样边剪裁，保证它们与另一块图案样片的纹样匹配。

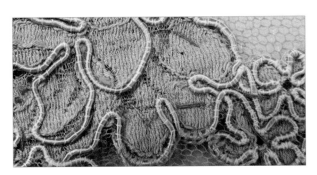

步骤3

将缝线对合，使缝线处的纹样重叠匹配。在蕾丝纹样边缘假缝整条缝线。

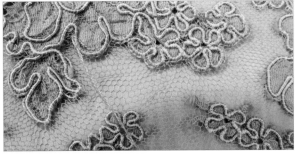

步骤4

用小的锁边缝针迹沿每一个纹样手工缝合接缝，或者用机器随意缝合。

步骤5

从背面剪掉多余的花边纹样，保留3mm缝份。

用手工和机器贴花拼接缝线

如果蕾丝面料上网眼部分比纹样部分多，需要结合使用手工和机器缝纫。

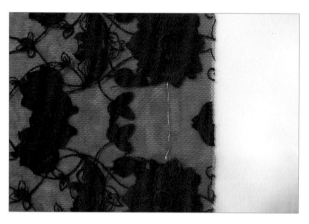

步骤1

如果在蕾丝面料上纹样之间有大面积网眼，需要剪下蕾丝纸样（参见113页的步骤1）。将纹样之间的缝份用针别住，假缝网布处缝线使其固定。

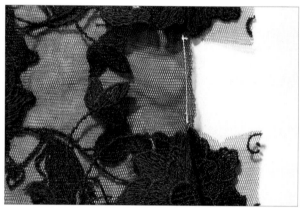

步骤2

在纹样每一边的网布处剪出缝份。将纹样间的缝份塞入下面。把缝线折回原来位置。

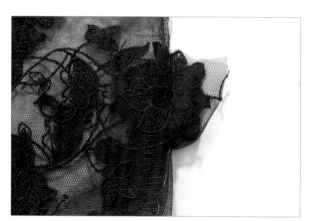

步骤3

在紧靠假缝线外用2mm针距机器缝合。

步骤4

放平面料，用锁边缝针迹沿纹样边缘手缝，或者用1.5mm宽的人字线迹机缝。

步骤5

将缝线背面多余的蕾丝剪掉，保留3mm缝份。

包边领口延伸卷边带

领口或袖口的边可以用包边处理，这种包边也可延伸为盘扣或者卷边带。

步骤1

　　测量要包边的领口线或底边线长，然后在此基础上加上卷边带或者盘扣的长度。根据需要的长度剪一条斜向布纹的条形面料，在斜裁布条上标记出领口线位置。

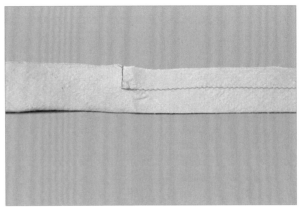

步骤2

　　制作卷边带或者盘扣带，通过对折斜裁布条，使其面料正面对正面，从领口线标记位置开始，沿布条长度方向一直缝到布条尾端。

步骤3

　　把斜裁布条用针别在服装领口线或底边的反面上，沿着缝线位置缝纫，确保该缝线开始位置在上面能和卷边条下面的缝线吻合。

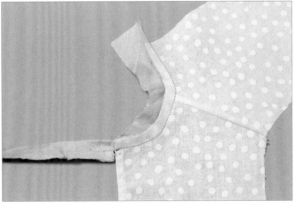

步骤4

　　把斜裁卷边条上的缝份熨平，把缝份向下折向领口线或向上折向底边并熨平。

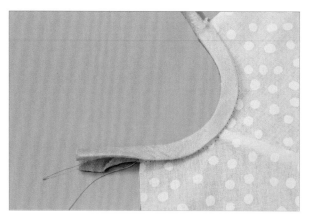

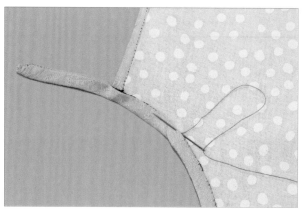

步骤5

把斜裁卷边条对折，让它遮住领口或底边的缝份，正好覆盖住第一行的线迹并熨平。

什么时候用别针或黏合衬

当运用一些蕾丝、网纱和薄纱面料时，用一条窄的、干净的热熔黏合衬比用别针更容易把缝线固定在一起，因为别针会从松散的组织结构中掉落。

步骤6

把卷边条或盘扣带翻到正面。用针沿领口线或底边别住斜裁卷边条并缝合固定，使缝线至始至终靠近折叠边，也可以用暗针手工包边完成。

门襟包边

一些女性内衣或睡衣上常用小门襟开口，以方便穿脱。它们可以用撞色面料来增加设计感。

步骤1

在服装样片上标记出门襟的位置。剪一条宽3.8cm，长为两倍门襟长+2.5cm的斜裁布条，对折压烫。剪开服装样片上标记的门襟线。把样片正面朝上放平，拉开剪口线。

步骤2

把斜裁布条的正面对着剪口线的反面，用针别住。沿着剪口线缝上斜裁布条。

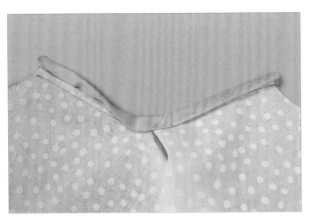

步骤3

把斜裁布条上的缝份向下压烫，向上折叠缝份至斜裁布条的另一边并熨烫。

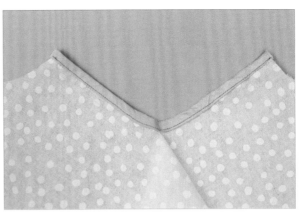

步骤4

把斜裁布条对半折叠，正面相对，包住剪口线的缝份，刚好覆盖第一行线迹，在靠近折线缝合。

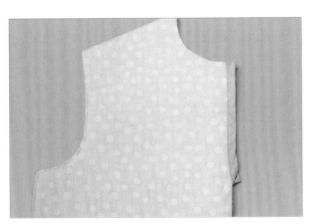

步骤5

放平门襟，正面相对，在门襟包边顶部对角缝纫。

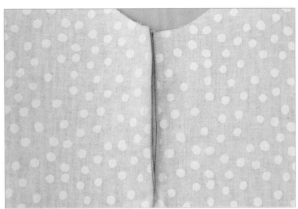

步骤6

将门襟包边的顶部向后折叠，门襟包边的后面才能向外展开。

后领贴边

通常睡衣的后领口使用贴边，而前领口为卷边处理。贴边并不是内在相连的。后领贴边在后中心位置剪下来增加强度，并支持服装后背部。贴边的外边缘缝在服装上，使其适当固定并增加舒适度。

将一张纸对折。

把宽松睡衣原型纸样的后片（见第62～65页）放在纸下面，后中线与纸的折线对齐。

在纸上描出肩线、领口线和后中心线。

沿后中心线往下量24～25cm，并标记。

从肩颈点沿肩线向外量6.5cm，并标记。

用曲线尺连接两个标记点，画出后领贴边。

增加缝份，剪下纸样，并在后领口线的后中位置加一个剪口。

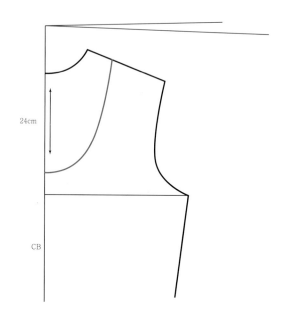

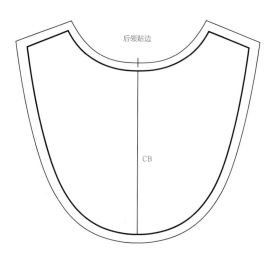

斜丝底边贴边

斜向布纹线的底边贴边常用于服装的下摆。由于这些贴边是斜裁的，它们也易于造型成用在女式背心或睡衣上身的带子。

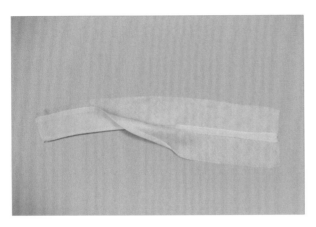

步骤1

根据需要的长度和宽度剪两条斜裁布条，记得要加缝份。沿着下缘把两条贴边缝在一起，把缝份分烫。

把贴边翻向正面，对折缝线并烫平。

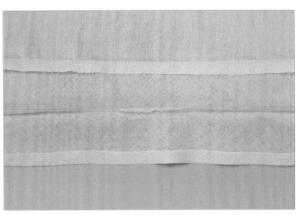

步骤2

把贴边带的正面放在底边面料的反面之上，用针别住，用2～2.5mm针距缝合。缝纫时要小心既不拉伸底边，也不拉伸贴边。

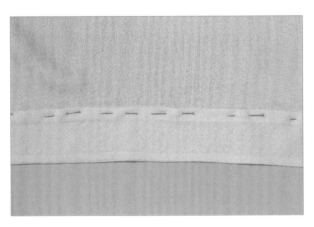

步骤3

把缝份烫进贴边里。沿着服装前面的缝线，用针别住折进去的斜丝贴边的前边，使其正好盖住缝线。

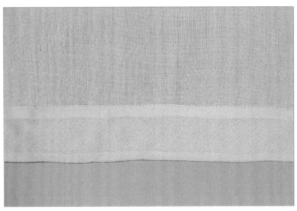

步骤4

用2～2.5mm针距，在靠近折边的地方缝纫，完成服装下摆贴边。

裆片制作

裆片是用一些技法缝入短裤的。这些技法主要是指当裆部有双层面料时需要隐藏缝线。无论短裤用什么样的时髦面料，裆片通常用纯棉针织面料。

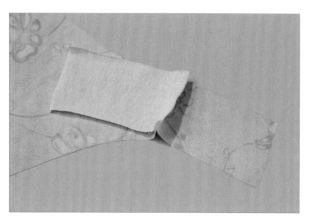

步骤1

从纯棉针织面料上剪下一个裆片样板，在时装面料上剪下短裤样板，包含另外一个裆片。把两个裆片面料放在一起，三片夹在一起缝纫短裤的后面，这样三片的后缝线都是对齐的，时装面料裆片的正面对着短裤后片面料的正面，针织面料裆片的正面对着短裤后片面料的反面。对准剪口，用别针固定。用2.5mm针距缝纫后裆缝线。

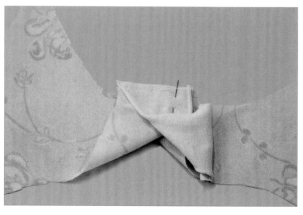

步骤2

把时装面料裆片和短裤前片别起来，正面相对，这样前缝线是对齐的。

短裤的反面朝上，扭转棉针织面料裆片，使其和前片形成"三明治"效果，短裤前片面料夹在时装面料裆片和棉针织面料裆片中间，像步骤1那样。用别针固定，对准剪口，缝纫前裆缝线。

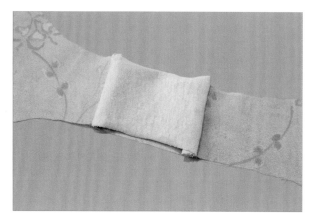

步骤3

通过裤腿把短裤拉回正面并压烫前后裆缝线。

用法式缝或用锁边机缝合侧缝线来完成短裤缝合，然后在裤腿周边缝上弹性镶边。

松紧带套管

对于睡裤或短裤而言，松紧带是很好的处理方式。也可以用在上衣后面，当前身有下胸部或臀部育克的时候，加入的松紧带可以塑型后背。

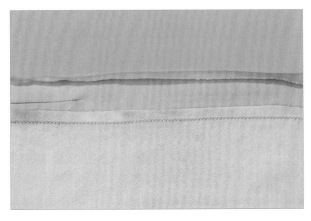

步骤1

根据需要的长度剪一条斜向布纹线的套管布样，宽度为要穿入的松紧带宽度+3mm松量，再每边加1cm的缝份。如果它环绕在一条裤子的上边缘，将其正面相对，把套管的两端缝起来。从后面向套管方向折叠缝份并熨平。正面相对，用针将套管和服装的上边缘别住，缝合固定。

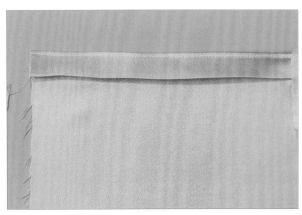

步骤2

把套管折向服装正面，熨烫，沿着套管上部的边线，尽量靠近边缘缝合。

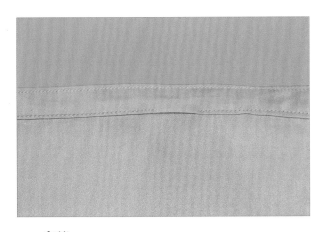

步骤3

把套管的下边缘别在服装上，确保它平整不卷曲。沿着套管的下边缘缝纫，最后留一个用于穿入松紧带的开口。

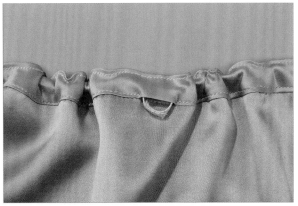

步骤4

用一根大眼粗针把松紧带穿入套管中。将松紧带的端头缝在一起，最后缝合套管的开口。

5 基础衣设计 与制板

就像建筑物一样，很多时候服装也需要一个框架或者一个牢固支撑。可能是为了改变身体形状，例如想要蜂腰肥臀效果，那就需要使用支撑架。支撑架也可以放在长袍里面用来平衡外部廓型。基础衣曾经被男人和女人们穿着，隐藏在外衣之下，如今开始外露，甚至作为时髦外衣或者装饰片。

本章是关于基础衣制板和确定理想塑型的鱼骨正确位置。也可以在基础衣中加入其他控制样片来提升或者塑型。臀部样片有助于增强沙漏造型，额外的胸部样片可以提高或者压平胸部，或者增加大胸围的合体度。

基础衣的设计依赖于它的用途，是作为藏于服装之下的基础支撑，还可作为内衣，亦或作为外衣。面料、长度、形状和强度也是重要的影响因素。如今的基础衣结合了针织面料、弹力网布和梭织面料，这些面料可以通过加入氨纶或莱卡获得不同的弹性。鱼骨的选择也非常重要，一些鱼骨在各个方向上都可以弯曲但是强力不够，尤其在做一件紧身蕾丝束身衣时。关于不同类型鱼骨的介绍参见第一章第16页。

左页图　让·保罗·高缇耶内衣外穿系列。这件白色缎纹紧身胸衣来自其2001年春夏高级时装系列，其中的鱼骨清晰可见

基础衣类型

束身衣

束身衣覆盖并塑型人体躯干和臀部。包裹或者不包胸部都行，有时特别增加臀部。束身衣通常后面系带，正面使用钢架支撑。

巴斯克紧身衣

巴斯克紧身衣可以强化躯干造型，但是不像束身衣那样塑型。它比束身衣的鱼骨少，通常用柔软细腻的面料，并带有罩杯。

紧身胸衣

紧身胸衣包裹胸部，但是长度比束身衣和巴斯克紧身衣都短，只到腰围线。它可以不含罩杯，比巴斯克紧身，对身体的塑型效果更强。开口拉链或者像束身衣上的系带，都可以作为紧身胸衣的闭合方式。

5.1 束身衣（让·保罗·高缇耶2014年春夏系列）

5.2 巴克斯紧身衣

5.3 紧身胸衣

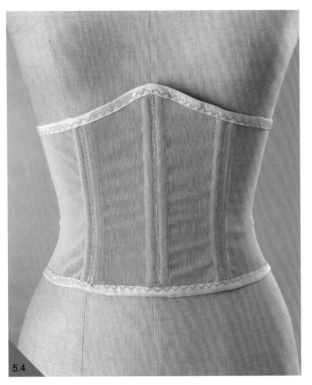

5.4

5.5

束腰

　　束腰带戴在腰部可以使腰部变小，它加有支撑架，有时后背系带，前面有钢架支撑，也可以用弹力网布面料制作。

臀部裙撑

　　这种裙撑在臀部两侧，裙子前面、后面都很平坦，侧面向外凸出。在18世纪中叶，这种裙撑到达极致，每边向两侧延伸出去几英尺，穿着那个时代的高腰裙子时，有一种奇怪扁平的廓型。

5.4 束腰

5.5 臀部裙撑（让·保罗·高缇耶，2013年）

5.6 束腹

5.7 裙撑，约1875年

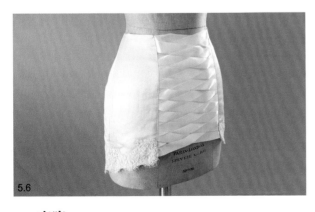

5.6

5.7

束腹

　　束裤主要用来强化和对女性大腿上部至腰部这段形体的塑造，有些款式包括胸罩。这类服装在20世纪20年代到60年代被大多数女性视为必备品，如今也可以作为裙子穿着。

裙撑

　　裙撑在20世纪被留下，作为裙子内部的支撑物，使穿着者在后腰下部获得更加丰满的理想造型。今天在婚礼服和晚礼服中使用。

公主线分割四片基础衣原型

因为公主线分割原型能包裹人体，是大多数基础衣的最佳款式选择，既可以作为礼服内的支撑也可以作为独立服装。

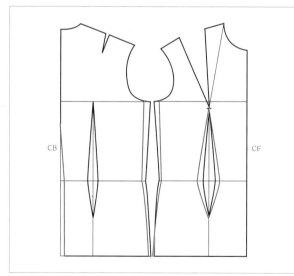

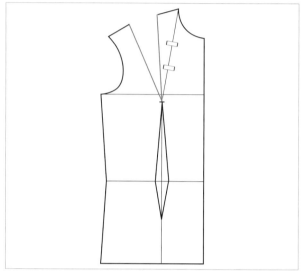

步骤1

拓印紧身原型前后片纸样，使其侧缝线相对。

将前片肩线二等分。

从等分点向胸围线画线，连接到BP点，剪开该线。

粘贴闭合原来的肩省，打开该线。

5.8 公主线分割束身衣

步骤2

在前片和后片侧缝线处，沿袖窿底线向内量取1.5cm并标记；沿腰围线向内量取6mm并标记；沿腰围线向内量取3mm并标记。

过上述标记点，画顺新的侧缝线。

在后中心线上，沿腰围线向内量取1cm并标记。

从标记点垂直向下划线至臀围线处，从腰围线到袖窿底袖大约一半位置向上画稍微外凸的弧线。

在前片腰省位置，将省道向两边各加宽1cm，重新绘制省道。

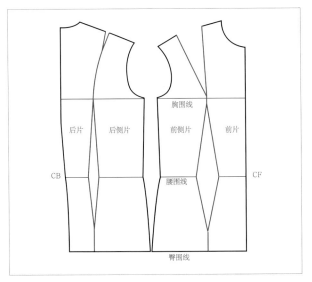

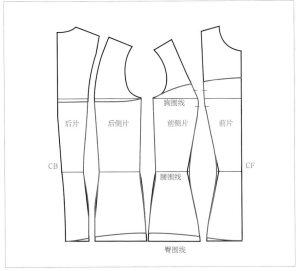

步骤3

将前片沿肩省和腰省靠前中心线的省道边剪开纸样直至臀围线，分离出前中片纸样，标记为前片。

剩下的前片沿另一侧省边剪开，标记为前侧片。

后片步骤相同，沿肩省和腰省靠后中心线的省道边剪开纸样直至臀围线，分离出后中片纸样，标记为后片。

剩下的后片沿另一侧省边剪开，标记为后侧片。

这样完成了四开身公主线分割原型。

步骤4

拓印四片原型纸样，从前中心线到后中心线为公主线分割基础衣绘制领口造型线。

从前中心线到后中心线绘制底边弧线，保证臀部舒适贴体。

在前侧片和前片胸高点位置上下3.8~5cm处标记对位记号。

分别圆顺腰围线处的前腰省和后腰省弧线。

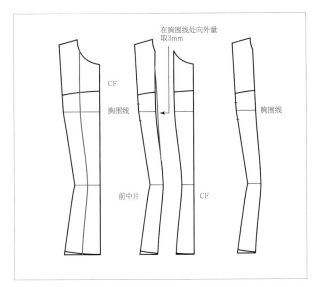

步骤5

对于较大的胸部，可以从领口线到底边线一半位置画曲线，将前片纸样分成两部分，曲线形状与公主线保持一致。

沿胸围线将曲线向前中方向量取3mm，通过该点在原来曲线基础上重新画顺分割曲线。剪开前片纸样有助于分开胸部。

紧身服装样片的再次造型

服装样片可以再次造型已贴合人体胸腔曲线，加强服装的贴体效果。样片可以重新造型为不同的效果，例如胸部压平或者臀部夸张。

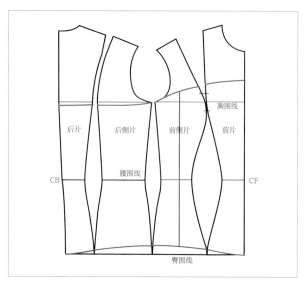

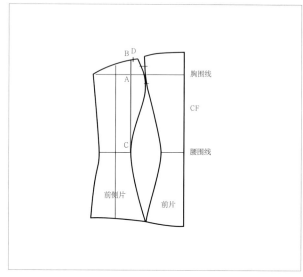

步骤1

拓印公主线分割原型的四片样板，在侧缝线上下将后侧片和前侧片用胶带黏合；在胸围线和底边线将前片和前侧片用胶带黏合；将后片和后侧片上下用胶带黏合。

从领口线或者上边缘到底边线，画线将前侧片分成两部分。

剪去领口线以上部分和底边线以下部分。

步骤2

在前侧片样板上从前腰省外侧省边向上画直线，与胸围线交点标记为点A，与领口线相交点标记为点B，与腰围线相交点标记为点C。

测量领口线或者上边缘处前片和前侧片构成省道的宽度。

从点B向前中心线方向，沿领口线量取该长度，标记为点D。

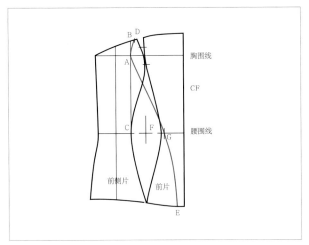

步骤3

测量前片和前侧片间的腰省宽度。

将腰省二等分，标记等分点为点F。

沿腰围线在前片向样片内量取6mm，标记该点为点G。

用曲线尺从点D通过点A画曲线，再翻转弧线方向画至点G。

在底边线距离前中心线约2.5cm位置处，标记为点E。

用曲线尺从点E向上画曲线至点G，创建一个新的前片。

步骤4

用曲线尺从点B向下至点F画曲线，慢慢翻转曲线尺，继续向下画至点E。

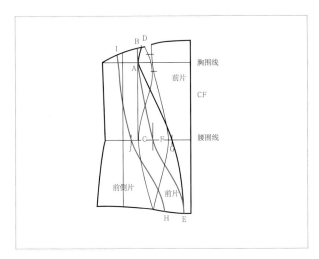

步骤5

依据步骤1的方法，从上边缘开始将前侧片分成两部分，将上边缘分割点向腋下位置偏移2.5cm，标记为点I。

沿腰围线，从点C向侧缝线方面量取1.3cm，标记为点J。

沿底边线，从点E向前侧片内量取3.8cm，标记为点H。

用曲线尺连接点I、点J，接着翻转曲线尺继续连向点H，创建一个新的前中片。

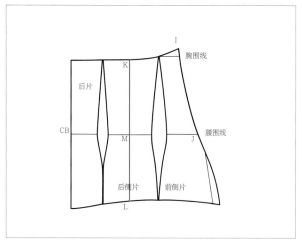

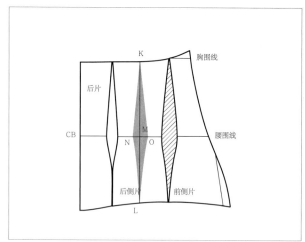

步骤6

重新用胶带黏合原来的前侧片和后侧片，使它们放平。这样，在侧缝线处的腰围线上就会产生省道或者空隙。

用线将后侧片分成两部分；将该线与上边缘的交点标记为点K，与腰围线交点标记为点M，与底边线交点标记为点L。这样，就创建了一个后侧片和一个新的后中片。

步骤7

测量后侧片和前侧片在腰围线处空隙的距离。

将该值二等分，沿腰围线从点M分别向两侧量取该距离的一半，与后中片的交点标记为点N，与前侧片的交点标记为点O。这相当于把侧缝线处的省道转移到后侧片上。

连接点K、N、L和点K、O、L，绘制新省道。

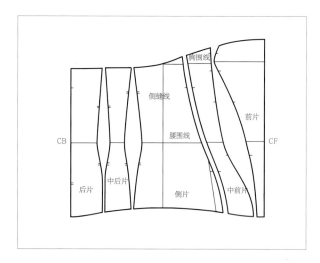

步骤8

重新给样片标注名称，分别为后片、后中片、侧片、前中片和前片。

将样片剪开之前，在每一个样片上标注对位记号。

步骤9

将样片重新拓印到纸上并加上缝份。

原型纸样变化——加入胸片和臀片

在20世纪或者巴洛克时期，女性将她们的身体变形成"S"状。下面的束身衣就是依据那一时代的设计造型，可以使用绳带使得腰部更细，而通过加荷叶边或者创意纸样造型来夸张臀部。

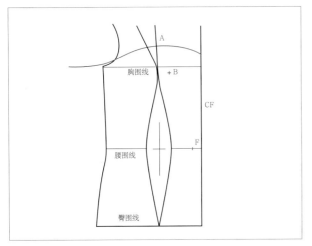

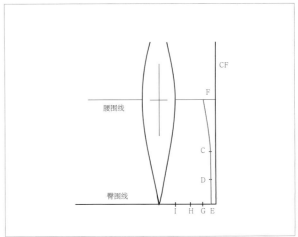

步骤1

将公主线分割原型的四片纸样领口线和臀围线对好（参见129页），并拓印在纸上。

从前中心线开始到后中心线绘制领口线形状。可以在前中心线处加大曲线，获得想要的心形造型。将前中片上边缘处的省道标记为点A。

从前中心线向胸围线量取7cm，标记为点B。

在腰围线上，从前中心线开始量取3cm，标记为点F。

步骤2

将腰围线至臀围线的距离二等分，在等分点处，从前中心线向内偏移1cm，标记该点为点C。

在臀围线上，从前中心向内偏移1cm，标记该点为点E。

从点E向侧缝线方向量取1.5cm，标记该点为点G。

从点G向侧缝线方向量取2cm，标记该点为点H。

从点H向侧缝线方向量取2.2cm，标记该点为点I。

取线段CE的中点，标记为点D。

用曲线尺从点F向点C画弧线，继续向下画直线，通过点D至点E。

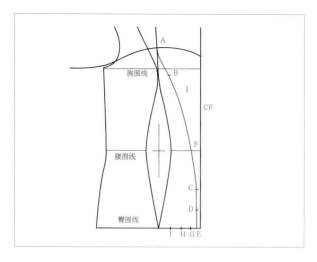

步骤3

步骤3

用曲线尺从点A到点B画直线，接着微微翻转曲线尺通过点B，直至点F和步骤2画的线圆顺相连。

标记该样板为样片1。

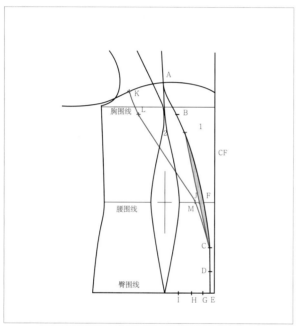

步骤4

胸围线（BP点）处向腋下方向水平量取5cm，标记为点L。

在前侧片上沿领口线从侧缝线量取7cm，标记为点K。

在腰围线上，距点F 0.6cm处向内取点，标记为点J。

从点J向内1.5cm，标记为点M。

沿着点B所在曲线向下量取2.5cm作标记点，以此标记点为起点，作通过点J、点C的曲线，形成一个省道。

用曲线尺从点K到点L画曲线，接着慢慢翻转曲线尺，继续向下画线，经过点M直至点C。以此形成第二个塑造胸部的前片。标记该样板为样片2。

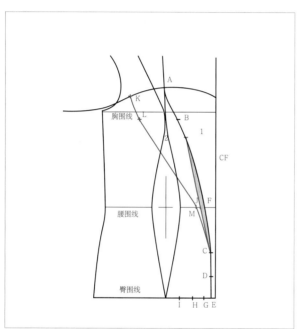

步骤5

在领口线上，从点K向侧缝线方向量取6cm，标记为N点。

在腰围线上，从M点向侧缝方向水平量取6mm，标记为点T。

过T点画一条直线，向上与弧线KM相交，向下到点C，形成一个省道。

从T点向侧缝方向水平量取2cm，标记为点U。

从D点向侧缝方向水平量取2cm，标记为点O。

用曲线尺从点N到点U画曲线，接着稍微翻转曲线尺，继续向下画线，经过点O，直至点G结束。标记该样板为样片3。

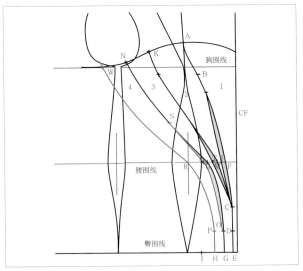

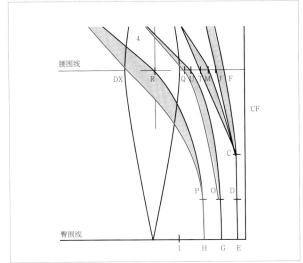

步骤6

在领口线上，从点N水平量取6cm，标记为点W。

从点U向侧缝线方向水平量取1cm，标记为点Q。

从点U沿样片3的侧边线向上量取11.8cm，标记为点S。

从点S，过点Q和点O画线，进而形成一个省道。

从点Q水平量取2cm，标记为点R。

从点O水平量取2cm，标记为点P。

用曲线尺从点W向点R画线，接着翻转曲线尺，继续向下画线，通过点P到点H。

在腰围线和前侧片交点处标记DX。

使用曲线尺，从W点向DX画线，接着翻转曲线，继续向下画线，经过点P和点H。标记此样板为样片4。

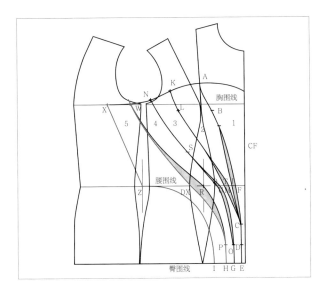

步骤7

从点W水平量取5cm，标记为点X。

将原有纸样中前侧片和后片腰围线上的空隙二等分，标记等分点为点Z。

过点X向点Z画直线。

用曲线尺从点Z到点I画一条外凸的曲线。标记此样板为样片5。

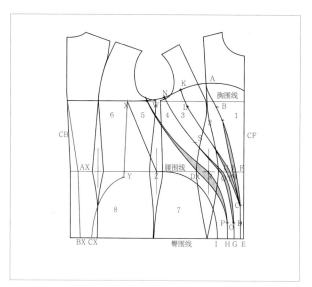

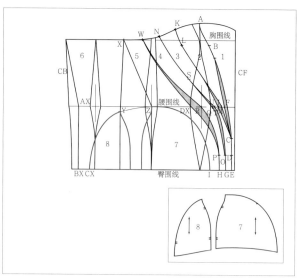

步骤8

为后中片样板造型：在后中心线上，沿腰围线向内量取原型后中片和后侧片样板间空隙长，标记为AX；空隙长大约为2.5cm。

从AX沿着腰围线向侧缝方向水平量取8.5cm并标记。

从点X作长度为线段XZ长的直线，经过腰围线；标记端点为点Y。

从后中心线开始，沿臀围线水平量取2cm，标记为BX。

从BX水平向内量取4cm，标记为CX。用曲线尺从CX到点Y作一条外凸曲线。标记此样板为样片6，标注后中心线。

步骤9

参照前侧片侧缝线形状，从点Z向臀围线画曲线。参照后侧片侧缝线形状，从点Y向下画曲线，完成前后臀部育克片。标记它们为样片7和样片8。

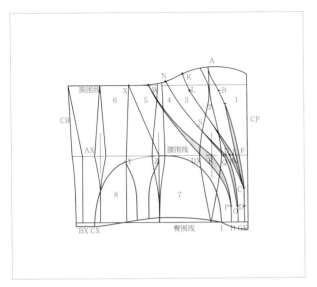

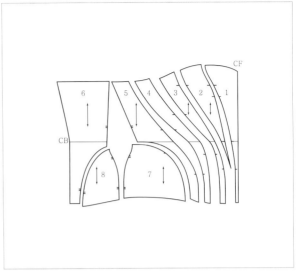

步骤10

可以通过对这些线条造型来获得更为丰满的臀部育克。

底边线造型：在前中心线处从臀围线向下量取1cm，作标记。

沿向上到点Z的曲线，从臀围线向上量取1cm，作标记。沿从点Y向臀围线的曲线，从点Y量取点Z到上一步标记点处的线段长。

沿后中心线向下量取6mm，作标记。

用曲线尺连接上述所有标记点作曲线，创建新的底边线。

步骤11

标记每个样片的对位点和布纹线。

把样片剪开并重新绘制，添加缝份。

纸上重新拓印这些样片以及缝份。

有肩束身衣

束身衣巴斯克紧身衣和紧身胸衣也不总是没有肩带。加上肩部意味着可以加上盖袖，或者更长的袖子，也意味着可以加衣领，给予束身衣一种类似定制夹克的外观。

即使只是加上一根肩带，也会带来更多设计和装饰选择。给现代束身衣添加肩带，将会使其从一件内衣变成令人惊喜的外套。

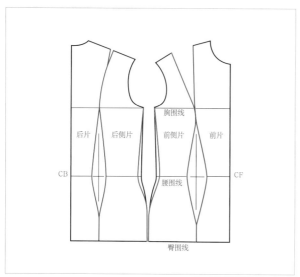

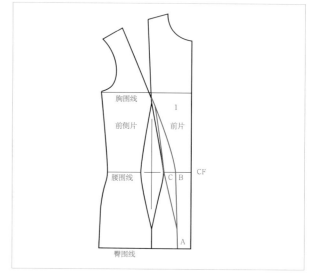

步骤1

采用第2章32页的紧身原型纸样。

参考128页的步骤2修改省道，但是不需要修改侧缝线。

在侧缝线处，沿腰围线分别向内量取1cm并作标记。

重画侧缝线，通过腰围线的标记处并圆顺向下至臀围线。这会产生一种沙漏廓型的迪奥新造型。

将样板分成四个部分。

步骤2

在臀围线上，从前中心线水平量取4cm，标记为点A。

在腰围线上，从前中心线水平量取4cm，标记为点B。

连接A、B两点并继续向上画线至肩省底部，确保从肩到臀围线的曲线光滑圆顺。

测量前片和前侧片之间的空隙宽度。

从点B向侧缝线方向水平量取该空隙宽度的三分之一，标记为点C。

从空隙顶部同一位置开始向下通过点C画省道，底部与空隙末端在同一水平。标记此样板为样片1。

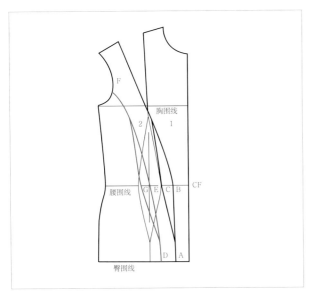

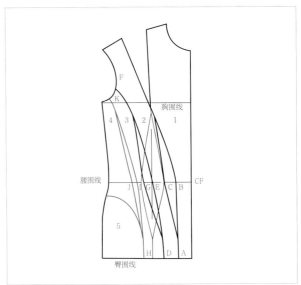

步骤3

从点A向侧缝方向水平量取2cm，标记为点D。

从点E水平量取2cm，标记为点E。

从点E水平量取三分之一前片和前侧片的空隙宽度，标记为点G。

沿前袖窿弧线，从腋下点开始量取8.5cm，标记为点F。

用曲线尺从点E向点D画曲线。

以原来空隙最高点的相同水平位置为起点，通过点G，底部与空隙最低点同一水平画省道。标记此样板为样片2。

步骤4

将点F到侧缝线间的腋下弧线二等分，标记等分点为点K。

从点G水平量取3cm，标记为点I。

从点I水平量取三分之一前片和前侧片的空隙宽度，标记为点J。

从点D水平量取3cm，标记为点H。

用曲线尺过点H和I点画曲线。

以原来空隙最高点的相同水平位置为起点，通过点G，底部与空隙最低点同一水平画省道。标记此样片为样片3和样片4。

用曲线尺从侧缝线处向点J引向省道下部端点的方向画曲线，形成一个臀片，标记为样片5。如果需要更加突出和夸张的臀部，可以通过调整臀片，将其分开单独进行处理。

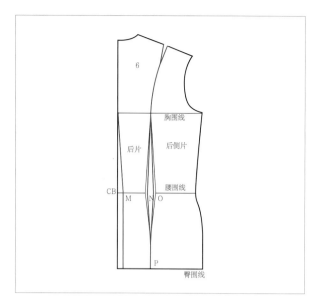

步骤5

测量腰围线处后片和后侧片的空隙宽度。

在后中腰围线上向内量取该空隙宽度的一半，标记为点M。

从胸围线和后中心线交点开始向下画线到点M。

过M点向臀围线画垂线。

在后片和后侧片腰围线空隙处，两边各增加原宽度的四分之一；在后片上的点标记为点N，在后侧片上的点标记为点O。

从两个样片的空隙底部开始画一条线连至臀围线，将此线段与臀围线的交点标记为点P。

以后肩省的省尖为起点向下画线经过点N到点P。

以后肩省的省尖为起点向下画线经过点O到点P。将此后片标记为样片6。

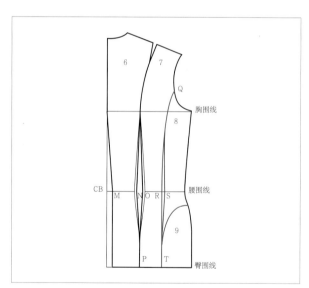

步骤6

在腰围线处测量侧缝线到点O的长度。

将该长度二等分，中点标记为点S。

从点S向内量取1cm，标记为点R。

将后袖窿弧线二等分，标记为点Q。

从点R向臀围线画线，标记为点T。

用曲线尺画线连接Q、R、T三点，以及Q、S、T三点，标记为样片7和样片8。

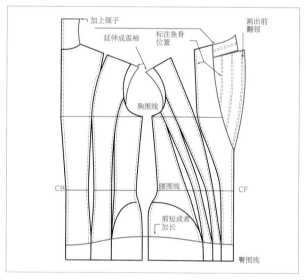

从点T向侧缝线画一设计曲线，保持与前臀片相同高度。标记为样片9。

这样获得的有肩束身衣是贴体合身的，可以将衣长缩短，或者加上盖袖、衣领、驳头。

有袖或无袖的露肩束身衣

这种束身衣可以外穿，也可以作为礼服的基础衣。去掉肩部，将前中片延伸为上臂附近的带子，形成一个非常漂亮的领口，围绕在肩部。根据以下步骤可以将束身衣原型转化为紧身胸衣，衣长可以自行调整。

首先在纸上拓印原型纸样，一片挨一片地对齐全部样片。

5.9 露肩紧身衣（克里斯汀·拉克鲁瓦2002年秋冬系列）

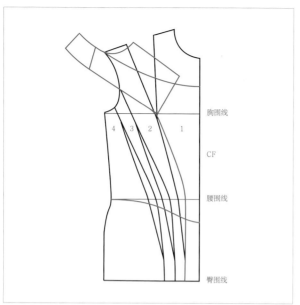

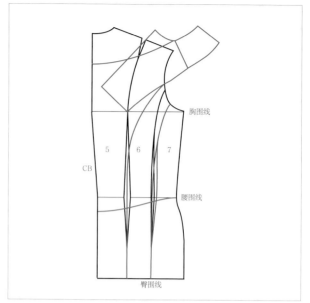

步骤1

从前中心线沿胸围线向另一边切开前中片，保留3mm不要剪开。

旋转该样片直到领口线和样片2的肩点接触。

从肩点向外延升前袖山高一半的宽度。

从延伸后的肩点画领口弧线，向上延长前中线至圆顺相连前领口弧线。

确定肩带宽度，从延伸后的肩点向下画垂线。用曲线尺画圆顺连接前中片的侧边线。标记为样片1。

确定束身衣长度并绘制下摆线。

步骤2

在后中片上，沿胸围线剪开纸样，另一边保留3mm。

旋转上部样片直至该样片的原来的后中心线和原始样片6的最高点相遇。

从领口线顶点向外延长线段，延伸长度为后袖山高的一半。

画后领弧线，并重新绘制后中线与后领弧线圆顺相连。

从腰围线处画一条曲线与样片6顶点所在的弧线相交。

从延伸后的肩点画肩带宽度，并将肩带下底边线画向旋转样片与样片6在袖窿处的顶部交点。

将样片6顶点至腋下点处的袖窿弧等分，并标记。

将样片6和样片7之间的腰围线二等分并标记。

从袖窿弧等分标记处通过腰围线标记向样片6和样片7之间的臀围线画弧线。

将省道移至该线的外侧边。

画下摆线，使其与样片7的前边线匹配。

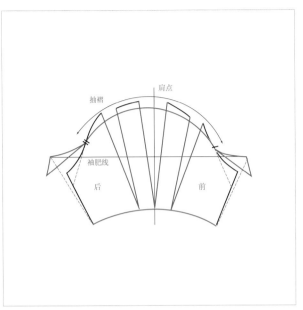

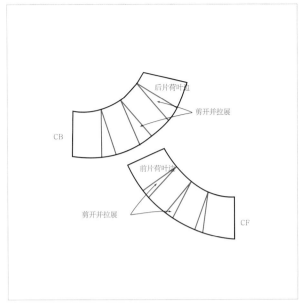

步骤3

如果想增加袖子并且希望获得如141页那样饱满的袖山，可以先拓印第3章的袖原型纸样（参见第67页）。

确定袖长并剪裁。

将前袖对位点和肩点之间的袖山二等分，从等分点向袖口画线。从后袖对位点到肩点之间重复前袖步骤。从肩点向袖口画线。将袖山分成四部分。

沿这三条线，从袖山向袖口剪开样片，保留袖口处3mm的线段。

在另一张纸上画垂线，在90°方向画上臂根线。将剪开的袖子放在十字形上面，使袖中线和上臂根线与十字对准。

每个剪口展开相等的量并用胶带固定。在袖片两边，从袖窿底位置下一点的地方向各自在袖山上的对位点打剪口，向上旋转这两小片直至弧线和上臂根线相交；用胶带固定。

将袖山高降低1/2肩带宽，画新的袖山高弧线。

重画袖子侧边和袖口弧线。

步骤4

如果想在束身衣下边添加荷叶边效果，可以将前后片的下边缘形状复制到纸上。

确定荷叶边长度，画好并剪下。

剪切并展开下底边直至需要的饱满量。

用胶带固定至纸上并拓印纸样。标记所有对位点、布纹线、鱼骨支撑位置并加缝份。

束身裙

将束身衣从臀围线延长至需要的长度，或者直接在下底边加上裙子，就成为了束身裙。

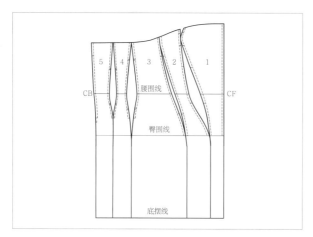

步骤1

拓印132页的束身衣原型纸样。

重画臀围线。

从臀围线处延长前中心线至需要的裙长。从臀围线处将侧面线都垂直向下画，使线段和前中心线处延长线等长。

向前中心线方向水平画线，连接前片上的所有延长点，标记为底边线。后片同理。

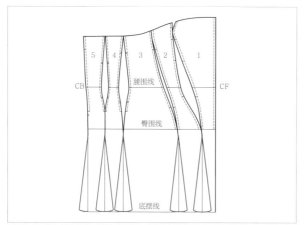

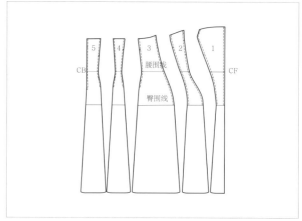

步骤2

通过在每个样片的每条边向外标记相同距离来添加底边的饱满度；保持所有的距离相等，使它们保持平衡。

在每个样片的臀围线处向底边画线并标记。

标记并重画每个样片的底边线。

标记所有对位点，加缝份和鱼骨位置线；裁剪样板。

5.10 束身裙（约翰·里士满2007年春夏系列）

连裆束身衣

束身衣也可以加裆部，裆线可以是丁字裤的或者三角裤的。裆部中心位置可以设计开口，通常通过揿钮闭合。

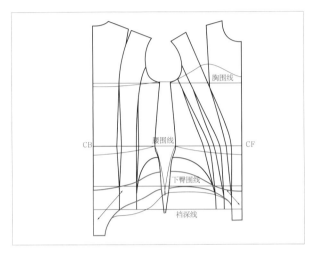

步骤1

拓印选择好的束身衣纸样，如果有必要可以重新画臀围线。

确定想要加的裆部。采用第2章第39～45页的三角裤样板，将三角裤纸样中的下臀围线放在束身衣的臀围线上，对齐前后中心线。因为束身衣样片的形状，三角裤纸样可能延伸不到侧片。如果是这样的话，需要在样板上画出来。

从臀围线开始拓印三角裤纸样。

步骤2

如果需要在该点重新造型前后腿和裆部弧线，并将样片分开，保留束身衣原来的底边线。

把样片拓印在纸上，添加缝份、对位点、鱼骨放置位置线，并标注所有样片。

5.11 连裆束身衣（让·保罗·高缇耶2010年春夏系列）

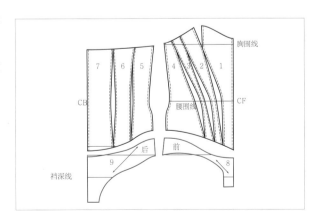

鱼骨位置

鱼骨的位置在哪里，并没有绝对的对和错，一般根据束身衣或者基础衣纸样来决定鱼骨位置。

如果制作复古服装，就需要根据那个时代的图片来放置鱼骨。如果制作时尚类的服装，可以先在白坯布上试验并通过最终试衣确定鱼骨位置。鱼骨位置不同，功能不同，鱼骨可以提升聚拢胸部、平衡沉重的裙子或者支撑大体积。袖子和领子上也可以加入鱼骨。朝向前中心线的弧形鱼骨放置线可以在视觉上使腰围更细，并且使服装穿着舒适；也可以考虑加入条带，条带可以是水平放置，或者成一定角度形成锯齿形。这些形状如果同时也是服装结构造型将是很好的装饰。当条带在鱼骨之间成一定角度缝制时，这是一种增加后片上部支撑的好办法，也有助于增强服装腋下区域的塑型效果。成行的条带可以为肩带式深V前领口线进行弧线造型，或者在肩部可以不用鱼骨。

最快最简单的鱼骨放置方式是在多片束身衣的每一个缝份的其中一边加入6mm宽的鱼骨。如果在后中心线用绳带，需要在孔眼位置的两边都加上鱼骨。缝份就成为鱼骨套管，仅仅需要在为孔眼内侧的鱼骨加上一条套管。如果服装的纸样和合体性都不对的话，加入鱼骨或者条带都是无用的。

在样片上标注鱼骨位置

所有的鱼骨套管线和条带线都要在面料上标明。沿鱼骨套管位置线，用针状滚轮仔细地拓印。为了保证曲线准确，可以使用曲线尺辅助。可以放在软垫表面拓印纸样，这样就不需要再将纸撕开。

把纸样用针固定在选用的面料如人字斜纹布或者棉帆布上，用粉笔沿纸样摩擦，这样粉笔末会从针眼中漏下去，就把纸样和全部标记转移到面料上了。

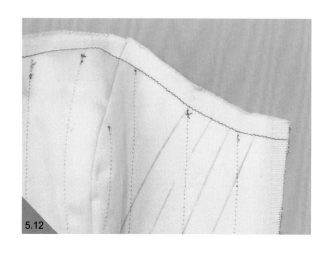

5.12

5.12 鱼骨里层

束腰

在克里斯汀·迪奥1947年"新造型"中，束腰成为一种时尚的内衣，它可以减少腰部尺寸。

今天依然可以在T台上看到束腰，不过是作为服装外的宽腰带而不是穿在里面。其实，作为宽腰带的束腰，从下胸围线开始到上臀围线结束，可以在其下底边加吊袜带。束腰也可以在前中心线打开，后中心线采用系带，或者两者结合。可以用弹力网布和梭织面料，在样片缝线的任意一边放上鱼骨。

拓印公主线分割四片基础纸样的胸围线到臀围线部分。

画出束腰的上部形状，靠近前中心线处的曲线向上在胸围线上结束，这部分造型也可以是直线。

画出底边线，通常在臀围线或者以上，注意保证束腰宽大约在12.5～15cm。

画线，将前侧片和后侧片分成两部分。

最终将弹力网布的拉伸量均匀地分配在腰围线处的每一条线上。

如果后中采用系带闭合方式，需要在后中腰围线处向内量取1cm并标记。

从束腰上边缘向底边画线连接该标记点。

标注鱼骨放置位置、孔眼（如果有的话）并添加缝份。

5.13

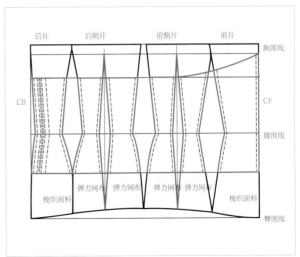

5.13 束腰（克里斯汀·迪奥2009年秋冬）

束腹

为了使身体细长，曾经有段时间，每一位女性都穿着束腹，一些束腹加有罩杯和肩带，还有一些仅仅有腰下部分。

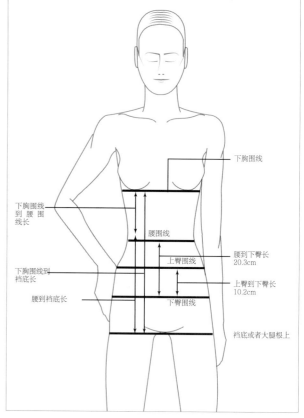

束腹可以在前面、后面或者侧面用拉链或者钩眼进行闭合。可以从下穿进去然后一点点拉上去，因此它有个昵称叫"卷展装"（roll-ons）。束腹一般采用高强的弹力网布制作大部分塑型样片，可以加或者不加鱼骨。缝在底边上的吊袜带现在也不是必需的，也可以做成可脱卸的。如今把束腹的底边加长，它就成为外衣，变成时髦的紧身裙了。

全身式束腹

在绘制纸样之前，需要计算弹力网布经向和纬向的拉伸量（见17页），还需要绘制罩杯部分和完整前后文胸土台样片（见第213~215页）。

步骤1

测量人体净体尺寸，无需加放松量。测量时，最理想的方法是穿着一件有侧缝的紧身衣，可以以侧缝为标记方便获取前胸围和后胸围尺寸。

下面给出了测量部位需要的计算量，在假定未拉伸前边长为20cm正方形弹力网布的拉伸量为2.5cm时，那么该网布的拉伸比约为0.8，就需要在测量部位尺寸上减去该拉伸比的量。

5.14 带有菱形插片的束腹，1955年

人体部位尺寸

腰围　71cm

　　　减去0.8×71=56.8cm

上臀围 91.4cm

　　　减去0.8×91.4=73.1cm

下臀围 96.5cm

　　　减去0.8×96.5=77.2cm

下胸围 78.7cm

　　　减去0.8×78.7=63.0cm

前片（人体部位一半）

腰围　35.5cm

　　　减去拉伸=28.4cm

上臀围 45.7cm

　　　减去拉伸=36.6cm

下臀围 48.3cm

　　　减去拉伸=38.6cm

下胸围 39.4cm

　　　减去拉伸=31.5cm

把前后腰围、上下臀围相加，必须和人体测量获得的相应部位数据相等。

接着测量裆底围或者大腿根部围，为89cm

减去拉伸=0.8×89=71cm

1/2量=35.5cm

再次等分后=17.5cm

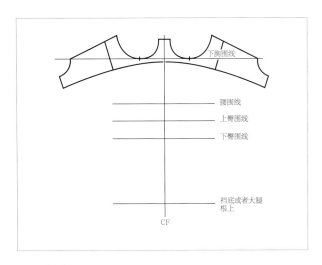

步骤2

在纸的中间绘制一条直线，保证两边有足够的量画前片和后片文胸土台；标记该线为前中心线。

将文胸前片土台纸样的中心线和该线对齐，拓印文胸前片纸样。

将前片土台纸样的侧缝线和后片土台纸样的侧缝线相对连接，拓印后片土台纸样。

通过罩杯底部的对位点画下胸围线。

沿前中心线向下量取胸围线到腰围线尺寸，作标记，过标记点画水平线，标记该线为腰围线。

在前中心线上从腰围向下量取20cm，作标记，过该点画水平线，标记该线为下臀围线。

在腰围线和下臀围线的1/2处画一条水平线，标记该线为上臀围线。

从下胸围向下量取至裆底尺寸，作标记，通过该标记点画水平线，标记该线为裆底线或者大腿根线。

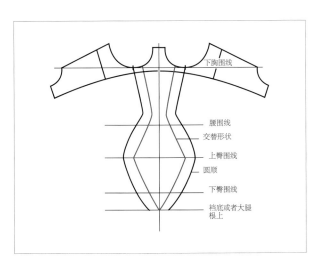

步骤3

画无拉伸前塑型片纸样，可以采用弧线绘制。从罩杯底部的对位点开始，向腰围线方向画两条线，在腰围线附近将线条向外往上臀围线方向画直线，接着在裆底位置回到前中心线，在腹部位置形成一个菱形。

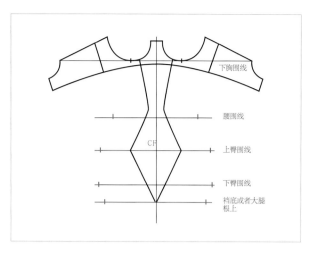

步骤4

从前中心线处开始，沿腰围线向两边量取1/2前腰围并作标记。

从前中心线处开始，沿上臀围线向两边量取1/2前上臀围并作标记。

从前中心线处开始，沿下臀围线向两边量取1/2前下臀围并作标记。

从前中心线处开始，沿裆底线向两边量取1/2前裆底围并作标记。

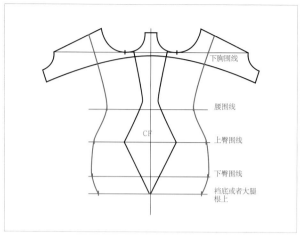

步骤5

用曲线尺从土台上边缘开始向裆底画曲线，通过上述标记点。

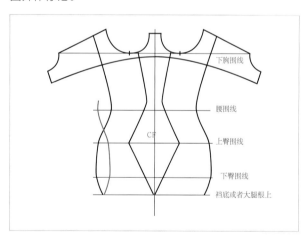

步骤6

将另外一侧的腰围线到裆底线之间的前侧缝线复制过来，检查两边是否吻合良好。

用该线作为裆底线至腰围线间的形状绘制后侧缝线。

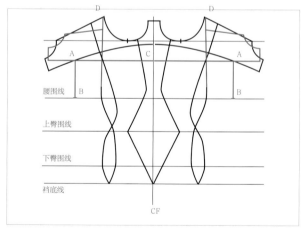

步骤7

标记后片土台下边缘中点为点A，从点A向下画直线至腰围线，标记为点B。

测量线段AB长，从腰围线开始，沿前中心线量取该长度，标记为点C。

从点C经过点A画水平线。

重新画后片土台，使土台的下边缘线与该水平线重合，保持侧缝线长度不变，标记新侧缝线顶点为点D。

过点D向新的土台下边缘线方向画线，直至与腰围线相交，并且圆顺连接至步骤6所画的侧缝线。

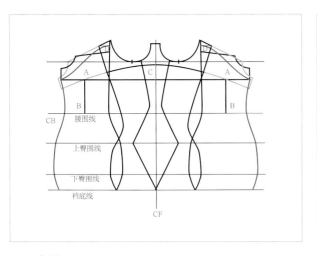

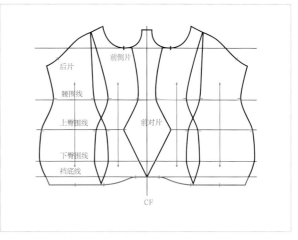

步骤8

重新画后领口线，使其在侧缝线处与前片土台上部相连。

从两侧后片侧缝线开始，沿腰围线向外水平量取1/2后腰围并作标记。

从两侧后片侧缝线开始，沿上臀围线向外水平量取1/2后上臀围并作标记。

从两侧后片侧缝线开始，沿下臀围线向外水平量取1/2后下臀围并作标记。

从两侧后片侧缝线开始，沿裆底线向外水平量取1/2后裆底围并作标记。

用曲线尺圆顺连接上述标记点，并标记该曲线为后中心线。

步骤9

如果想加肩带，在后片标记肩带位置。可以通过将文胸后片土台样片上的肩带点复制过来。

造型束腹的下底边，一般前片短，用下凸曲线从前画向侧缝线，接着画水平线至后中心。后片长是可选的，但是一般希望坐着时长过臀围线。

把前后片的下底边线二等分，标记吊袜带位置；也可以在前片侧缝线往前一点处增加第三个吊袜带，甚至可以增加更多，只需要使它们均匀分布即可。

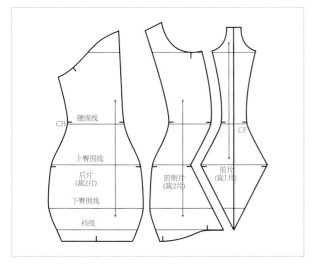

步骤10

拓印全部样片，加对位记号和缝份，并标明每个样片名称、布纹线。最后完成适合步骤2中绘制土台尺寸的三片式罩杯纸样（见194页）

带双蕾丝边和前塑型片的高腰束腹

　　束腹也可以从下胸围线开始，这样可以起到塑型抚平胸下部、腰部和腹部的作用。可以在侧缝线使用拉链进行闭合。前中心塑型片可用丝带装饰，亦可增加支撑，边缘饰以蕾丝和抽纱。

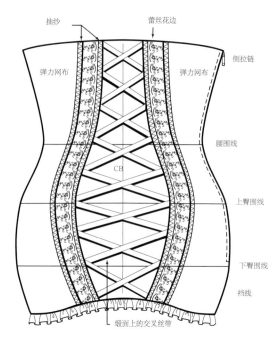

抽纱　　蕾丝花边

侧拉链

弹力网布　　弹力网布

腰围线

CB

上臀围线

下臀围线

裆线

缎面上的交叉丝带

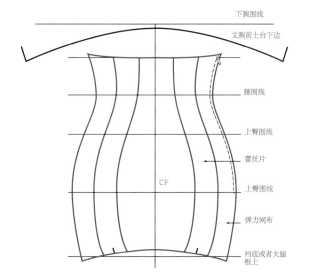

下胸围线

文胸前土台下边

腰围线

上臀围线

蕾丝片

CF

上臀围线

弹力网布

裆底或者大腿根上

　　拓印束腹原型全部纸样（见第151页步骤9）。

　　重新画前罩杯土台的下底边，并将该线向两边延伸与后中心线相交。该线为参考线。束腹的上边可以与罩杯土台的下底边同样高，也比土台下底边低5~7.5cm。

　　造型束腹下底边，如果加荷叶边或蕾丝，需要加宽容量。

　　绘制前束形片形状，画出加入的蕾丝边宽度，如果需要抽纱效果，还要记得加入抽纱的宽度。

　　在左侧标注拉链位置，从上边缘开始到下臀围线。

　　标注吊袜带位置和丝带装饰。

　　标记每一个样片名称，标记全部对位点并加缝份。

带弹性插片的卷展式齐腰束腹

在束腹的下底边加入弹性插片，可以增加坐下和行走时的舒适性，尤其是对于那些坐下时长度到大腿根部以下的束腹。

根据完整束腹的绘制步骤（见第148～151页），画出腰到裆部的纸样，设计并画出前中束形片的形状。

沿前侧片下底边线向内量取5～6.5cm，作为弹性插片宽度，并作标记。

从下臀围线向底边线上的标记点画曲线。

拓印出弹性插片纸样。

给前侧片加缝份。

同样地，在前片底部加入弹性插片。前片上的弹性插片可以更高，其宽度根据束腹的长度决定。如果需要将束腹加长，甚至做成裙子，插片可以和整个前片同样宽。根据前侧片插片的制作方法同理完成前片插片。

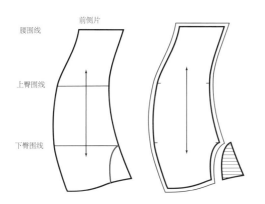

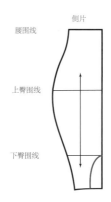

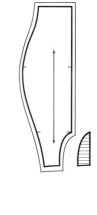

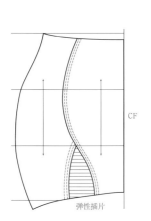

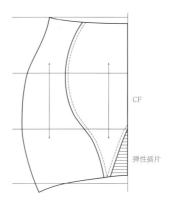

在束腹上标记鱼骨位置

为了使结构更稳定牢固，可以在束腹前中束型片上加入鱼骨。

然而，从20世纪50年代开始，更多高科技弹性织物面世，束腹不再需要
鱼骨，外观亦变得更加精致。

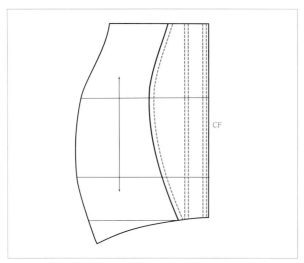

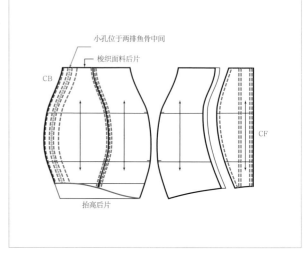

步骤1

在束腹样板上，根据前片形状，自领口线，或者罩
杯，或者腰围线开始向下画出前中线。若制作的是卷展
式束腹，则在前中心线任意一侧作一条1cm的线。

在前中心线两侧平分该侧前片，在平分后的任一前
片上，从平分点向下作前中心线的平行线。

与该线相隔1cm处作出第二条平行线。

根据样片形状，第三根鱼骨位置放置在前中片与前
侧片缝合处的侧缝线上。

步骤2

束腹的后片可用梭织面料加强束型控制效果，使用
系带闭合；为增加舒适度，底边处减短后片并在闭合系
带孔侧添加鱼骨。

增加束型控制片

可以在腰围线处增加额外的束型控制片。这些样片交错在前面可以给腹部提供额外的紧束和提升作用。它们作为附加层由弹力网布制成，或以带状包裹全身或身体某部位，来重塑或控制体型。这些束型控制带可以是梭织鱼骨前片，弹力卷展式后片。如果仅仅在前片增加束型控制片，不能连续作用到后片，前片束型控制带拉伸后会将后片拉向前面，致使后片变形，失去了额外支撑的效果。

在前侧片上，标记出腰围线与下胸围线之间的平分线位置。

在前侧片上，标记出在距离上臀围线上方5cm的位置。

在前后片两侧缝线上，从腰围线向上量取4cm，向下量取5cm的位置，并作标记。

在后中心线上，从腰围线向上、向下量取7.5cm，并作标记。

用曲线尺将前侧片靠近前中腰围线上下的标记与前侧片侧缝线上腰围线上下的标记用曲线分别连接。

再次用曲线尺，将后片侧缝线上腰围线上下的标记与后中腰围线上下的标记曲线连接。

在前侧片前侧边上，从下臀围线向上量取7.5cm，并作标记；从下档线向上量取2.5cm并作标记。

在前侧片侧缝线上，从档底线向上量取2.5cm，作标记。从该点向上量取5cm，作标记。在后中心线上，从档底线向上量取1cm，向下量取3cm，作标记。在后片侧缝线上，从档底线向上量取2.5cm，作标记。从该标记点向上继续量取2.5cm，作标记。

从前侧片靠近中缝线处，下臀围线上下的两个标记点开始分别画两条曲线，直到另一侧缝线档底线处的标记点。

从后中心线的档底线上下两个标记点开始，分别向后侧缝线上档底线附近的标记点画两条曲线。

将腰臀部束型控制片新纸样拓印到纸上，在侧缝线处将前片和后片连在一起，形成一个完整样片。

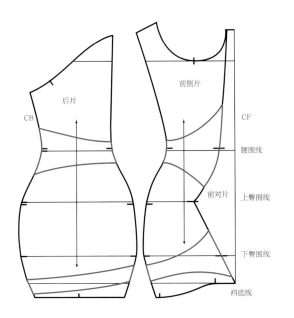

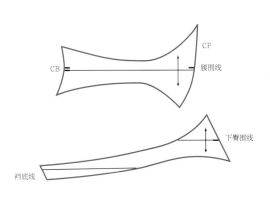

设计硬质裙衬或者裙架

裙衬或裙架一直是支撑大摆礼服裙的理想基础衣选择。不像网状的衬裙（见第56~57页），它们有多排水平和垂直方向的鱼骨管连接，最终形成一个笼状效果。

裙衬这个词最初描述的是由硬的棉花、亚麻和马毛组成的混合织物，最早出现在19世纪30年代，被用来支持裙子。1856年，环形金属笼出现并获得专利，被每一个社会阶层的女性穿着。今天的设计师们将裙架从裙子里拿出来并将其设计为穿着在裙子外面来获得戏剧性效果。

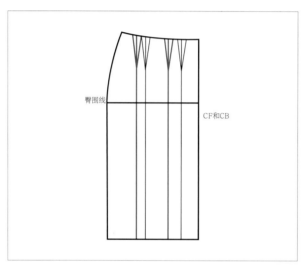

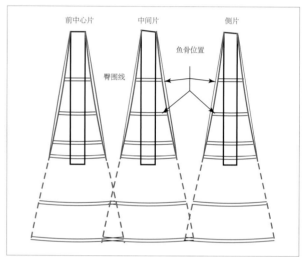

步骤1

拓印紧身原型腰臀部分，并延长下底边至需要的长度。从腰到底边画2条线，将前片和后片纸样分成3个相等的部分。将省道移到该分割线位置处，保持腰部形状不变。对于加松紧带或者抽绳的腰部设计，可以忽略省道。

沿线剪开纸样，可以获得6个样片，其中，前片3个，后片3个。

步骤2

设计裙衬底边处需要的加入量，把最后底边量除以6，然后再除以2，获得底边处每个样片的增加量。在每个样片两边分别量取该值，并作标记。在每个样片上，从腰向底边标记点画线。如果不希望臀围线处的松量过大，可以从臀围线处开始向底边画线，对样片进行造型。

在臀围线上画出第一根鱼骨位置，往下25cm为第二根鱼骨放置位置，第三根鱼骨在第二根下25cm处。从第三根鱼骨处向上量取5cm，为增强膝盖区域的支撑，增加一根鱼骨。在底边线位置标记一根鱼骨位置，从底边线向上量取25cm为最后一根鱼骨位置。

设计裙撑

对于婚纱后片里面穿着的底裙来说，后部裙撑一直是受欢迎的基础衣。

19世纪中期，当金属圈环逐渐淡出时尚圈时，制作大摆裙的面料变得悬垂并且后部隆起。为支撑这些面料，一种类似裙衬的基础衣诞生了，它由多层荷叶边状马尾帆布面料在腰部连接。当填充稻草的枕头被不锈钢带分散缝在裙子后面，可以一直衬着拖到地板上时，裙撑就变得更大。

为制作一个小裙撑，要测量衬裙后中片腰围长度，并将测量结果翻倍。

从底层开始，画一个高为25.5cm，长为后片测量值2倍的矩形，下底边倒圆角。

画另一层，高为20cm，长度与上面的矩形相同，下底边倒圆角。

继续增加层，每层高度依次减少5cm，直到最后矩形高度为5cm。

画宽为2.5cm，长为腰围+2.5cm（闭合用）的腰带；当然裙撑可以被固定在裙衬后腰处。

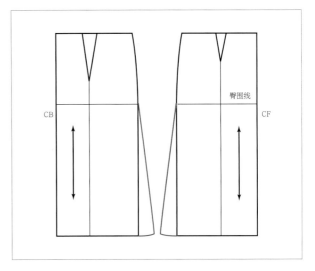

步骤1

拓印紧身原型腰至臀部分纸样，延长前后片至需要的长度；将侧缝线上的裙摆底边向外延长5cm或者更多来增加裙摆量，并作标记。

沿前中心线从臀围线向裙摆底边量取该段长度，用该长度作为臀围线开始的新侧缝线长度，并作标记。

从前中心线开始向新侧缝线标记点画顺新的裙摆底边线。

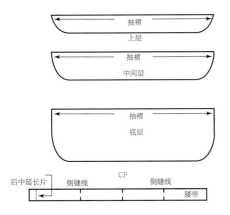

拖裙裙撑

作为基础衣的裙撑有时也需要支撑长裙的拖裙，这时衬裙的后部就需要用鱼骨从身体向外延伸并支撑。

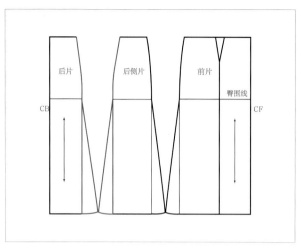

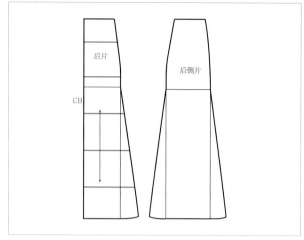

步骤2

从后腰省处沿省边将后片分成两部分，可以得到后片和后侧片两个样片。

按照步骤1的方法，根据前面裙摆处的量，将后片和后侧片沿前面分开的边，在裙摆底边上向外延长，并从臀围线开始向底边画新的侧缝线。

步骤3

画5条水平线，将后片分成6个相同部分，这些线是褶边放置位置。

步骤4

根据裙撑尺寸和拖裙的长度裁剪褶边，使得后面每个褶边都和前面的那个重叠。从最下面的褶边开始，取褶边长等于衬裙上最下部分加上拖裙的长度（一直接触地面的长），再加上1cm缝份和底边宽松量，宽度为后中片宽度的2.5～3倍。裁剪第二块褶边，宽度和第一块一样，长度以重叠第一块后加上缝份和底边宽松量。接下来的两块褶边宽度为后中片宽度的2倍，最后靠近顶部的褶边宽度为后中片宽度的1.5倍。

如果需要一个更丰满的裙撑，裁剪两片上部褶边，长度是最底下褶边的一半，宽度相同。这些褶边将被加在最上部两条位置线上，放在原来长褶边的下面。

在三条靠下的褶边位置线上缝上鱼骨套管，这个套管正好遮住褶边缝份。

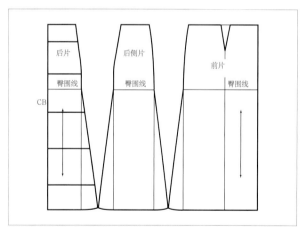

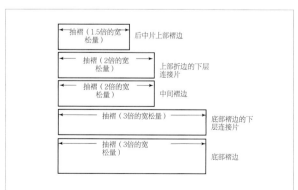

设计臀侧裙撑

臀侧裙撑起源于西班牙皇家。在迪亚哥·委拉斯盖兹（Diego Velazquez）的油画里，可以看到女士的裙子侧面向外伸展，而正面和背面却保持平坦。这种时尚很快传遍欧洲；在法国它被称作"robe à la française"，裙子在穿着者两旁均被延长几十厘米。如今这种臀侧裙撑只作为戏剧化高级时装或演出服的基础衣。

在臀部育克底边旁侧面制作一个裙撑：

开始先画一个臀部育克纸样（见136页）。

在纸上拓印基础裙原型，从靠近前中心线和后中心线的省尖处画垂线，分割前裙片和后裙片为两个样片。

在纸上重新拓印前中片和后中片纸样。

根据想要的丰满程度，将底边线从侧边向外延长5~7.5cm，并标记。

连接臀围线和底边标记点。

在纸上拓印前侧片；把纸样对半分开，从分开处标记点向下画直线。沿线剪开纸样，将这两片样片中间分开14~20cm放在纸上，用胶带粘好。重画底边和腰围线；在侧缝线沿底边向外量取前中片相同的延长量，重画侧缝。将侧缝线和腰围线相交，顶点为倒圆角。

重复上述步骤完成后侧片。

测量样板中心线上从腰到臀的长度，从腰围线开始沿各条边分别量取该长度并作标记，根据这些标记点重新画裙摆底边线。

加缝份、对位点并标注每个样片名称，在侧片腰围线标记抽褶。

制作一个更宽的裙撑：在原有衬裙两侧的抽褶片上增加多层强力网抽褶层。如果是作为重而夸张的裙子下的基础衣，也可以在侧片加入鱼骨来加强支撑。

在前侧片纸样腰围线处，沿两边缝向下量取5cm并作标记。用曲线尺连接标记点画曲线，作为第一根鱼骨位置。

从第一根鱼骨位置沿两边缝向下量取5cm并作标记。同理，用曲线尺连接标记点画曲线，作为鱼骨放置位置的下边线。

接着沿两边缝继续向下量取7.5cm，作标记。用曲线尺画曲线连接标记点。

再次从上面鱼骨放置位置沿两边缝向下量取5cm，作为鱼骨放置位置的下边线。

在该线之下10cm画线，然后在此线下5cm再画线。

在上一条鱼骨放置线下5~7.5cm处画最后一根鱼骨放置线，该线必须水平而且在侧缝延长曲线下方，在这之下加入5cm下底边。

后侧片重复上述步骤。

左图：臀部育克裙撑
右图：更宽的裙撑

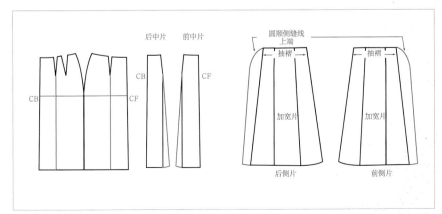

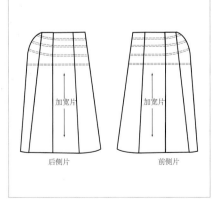

6

基础衣

缝制工艺

　　一件时尚的服装，无论是迷人的长袍还是精致的夹克，穿在正确的基础衣上时总会看起来效果更好。基础衣可以层叠在里面，以便它在外层时尚服装和衬里之间浮动，只在领口线或者袖窿周围，才与服装成为一体。或者，它可以是一件单独的服装，用手工与服装的领口相连，或者它可以完全脱离任何形式的外衣。虽然在特殊的日子或历史场合穿紧身胸衣可以吸引人们的注意力，但这并不是我们日常的穿衣方式。然而，今天的基础衣仍然可以重塑身体廓型并保持服装轮廓，并且它们不像过去的束身衣那样不灵活，有问题，对身材要求高。新的纺织技术不断被引入到基础衣中，使它们更耐穿、更舒适。随着这些新纺织品带来新的构成技法，这意味着在将其用于成衣之前为了实现理想的成品外观而尝试不同的构成技法是非常重要的。

左页图 设计师在人台上制作基础衣外形

用聚酯鱼骨制成的轻型时尚基础衣

轻型的基础衣可以用于支撑礼服的上身部分，或可以塑型但不改变身体轮廓的束身衣穿着。它也可以作为支撑基础衣悬荡在外层服装和内层里料之间，或者可以被缝到紧贴身体的内层衣服上。如果基础衣是用于支撑或平衡饰品或服装上较重的配饰，可以考虑把基础衣正面用里料面料，或者甚至是用对比色面料使其隐藏在完成的配饰、蕾丝或者薄纱下面。

这件基础衣在成衣的内侧或者外侧均没有鱼骨位置线或缝线线迹。

聚酯鱼骨

聚酯鱼骨可置于塑料鱼骨的后面给予一定的支撑，或在纵向聚酯鱼骨上添加横向鱼骨。一个例子是迅速使上衣前部穿过胸围线。聚酯鱼骨还可以用于加大衣领，让它立起来，肩部、头部、腰带、衬垫、袖山和底摆也可以使用。对于用于平纹细布（薄麻布）的鱼骨来说，聚酯鱼骨也是一个很好的选择，因为它便宜又好用，且可以用热铁塑型。

步骤1

制作一个轻型的有束型功能的基础衣。先在棉斜纹帆布上剪出一套束身衣纸样，再在拉毛法兰绒棉布上剪出另一套没有缝份的纸样。

把法兰绒棉布纸样放在帆布样板上，找对位置后用针别住。

使用3mm线迹，用平行排列的线迹从法兰绒棉布的上端向下把两层缝在一起。第一列线迹距边约6mm，后面几列间隔2.5cm。

步骤2

在每片法兰绒棉布一侧标记鱼骨位置（见146页）。将所有样片缝在一起，匹配所有的对位点，并劈缝分烫。

在领口、下摆或底边处用机器假缝样片，缝住所有劈缝后的的缝份，使其打开平整。

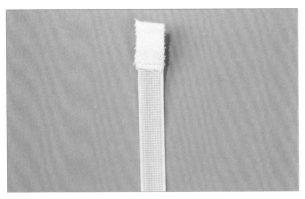

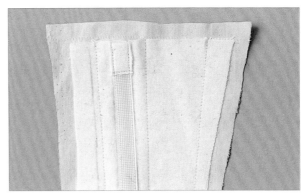

步骤3

把聚酯鱼骨裁剪成的鱼骨位置标记线的长度，测量从顶部假缝线3mm至距底部假缝线3mm的距离，这样保证在领口线和下摆处缝纫衬里或者贴边时不会缝住鱼骨。

用双层棉织带或一小块折叠缝合后的拉毛法兰绒棉布在垫衬在聚酯鱼骨末尾处，也可以使用购买端盖，或者可以在火焰上融化剪掉末端，使尖利的聚酯纤维被包住。

步骤4

拿着第一根聚酯鱼骨的顶部衬垫部分，把它放在对应的鱼骨位置线之间、距顶部缝合线3mm处。

用缝纫机以2.5~3mm的针距，将每一根聚酯鱼骨缝在相应位置。从缝线上端以倒针开始缝合，缝至聚酯鱼骨的下端，保证缝线在鱼骨边缘上。下端也以倒针的方式固定缝合。

在聚酯鱼骨的另一边重复上述步骤，将所有剩下的聚酯鱼骨缝在所有鱼骨位置线之间。

标记鱼骨位置线

用针或滚轮在纸样上扎下鱼骨位置线。将纸样放在帆布样片上，用画粉在刺痕上摩擦。画粉会透过扎孔在帆布上形成鱼骨位置线。

剪下所需长度的鱼骨并沿放置标记铺好。从缝线向内大约3mm画出鱼骨上端和下端位置。用这种方式，不仅可以获得正确的鱼骨长度，还可以获得鱼骨上下端的正确形状。

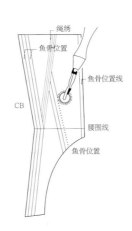

绳绣
鱼骨位置
鱼骨位置线
CB
腰围线
鱼骨位置

剪断鱼骨

不要用好的剪刀去剪任何类型的鱼骨，这样会弄钝剪刀。

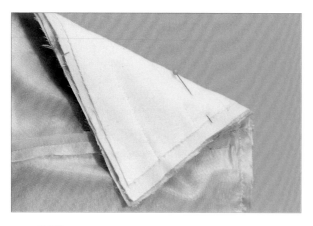

步骤5

裁剪并缝合所有的面料样片，缝上所有里衬。劈缝压烫所有缝份。

把缝有鱼骨样片的帆布面对着面料样片的反面，沿上下边对齐所有样片，用针固定。

沿着前领口线和底边线以3mm的针距缝合，两端倒针固定缝合。小心不要缝到聚酯鱼骨上。

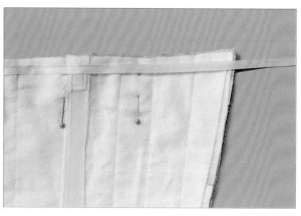

步骤6

将里衬样片的正面和面料的正面相对，用针固定。翻转，这样缝有鱼骨的帆布样片反面（拉毛法兰绒棉布侧）就朝上了。

在一条边的边缘把6mm宽的布带或丝带正面朝上沿缝线放置，且放在所有样片的顶部，这样布带不会对着帆布样片上的拉毛绒布或面料且刚好盖住缝份。

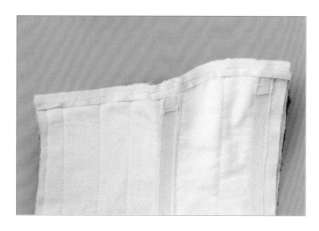

步骤7

将所有层缝合在一起，在缝合时抓住布带或丝带的顶部边缘，两端倒针固定缝合。

底边重复固定布带和缝合，两端倒针固定缝合。

缝纫时不要抓住聚酯鱼骨两端。

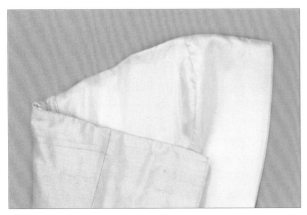 

步骤8

通过开口翻到正面，压烫平整。布带将被夹在中间层，位于领口线上缘和底边缝份中，将里衬卷向服装后部，防止边缘拉长。

现在可以闭合开口，用一个分开的拉链或者缝边闭合，可以为孔眼加花边或选择其他想要的方式。

如果把这种束身衣加在服装上，不要把里衬和束身衣上部缝在一起。把帆布样片放在服装上衣里面，对合领口线和开口处的缝份。缝合所有层（包括服装和束身衣里衬），然后在边缘缝布带完成服装的领口线，两端倒针固定缝合。

附上鱼骨的帆布样片也可夹在外衣和里衬之间。布带固定顶部，并从开口一侧到另一侧将所有层缝住，两端倒针固定缝合。帆布样片的下底边缝纫布带，使其不会磨损。

如果想要在正面看到鱼骨位置缝线，遵循步骤1到3；把鱼骨帆布样片的正面和面料基础衣样片的反面相对，对齐所有缝份。用针固定并用手针假缝缝份。在绒布样片上标记鱼骨位置线，然后遵循步骤3中垫衬包覆鱼骨两端的方法。如步骤4将鱼骨缝在基础衣上，其余步骤相同最终完成束身衣。

双层帆布基前钢片支撑后系带基础衣

当使用塑料或钢骨来构成时，束身衣可以被紧紧系住。前面可为钢片支撑开口。但如果束身衣和礼服相连，可能就不能在前部开口。在这种情况下，可以在前中心位置用一两列鱼骨，也可以使用几根绳带来加固背部、前领口和腋下两边的结构。

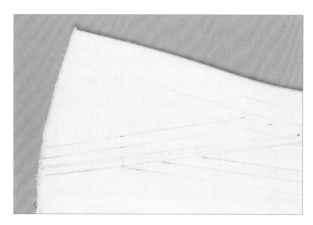

步骤1

从帆布上裁剪两套样板，其中一套作为束身衣的一层。在其中一套样板上标注所有鱼骨和镶边位置。

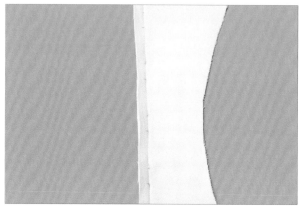

步骤2

把两个右侧的前中样板牢固地用针固定在一起，匹配对位点。

将钢片放置在前中心缝合线下面，用画粉或铅笔在钩子之间画标记线。

缝合每段标记线，在开始和结束时采用倒针。这就在前中心处形成了一定的缺口来拉住钢片钩。用强度较大的涤纶线和14号缝纫机针（如第1章19页表）。

确保钢片位置正确；如果不正确，需要进行调整。

劈缝压烫，把样片翻至正面，并在前中线向背面折叠，使缝线成为折叠线，烫平固定位置。

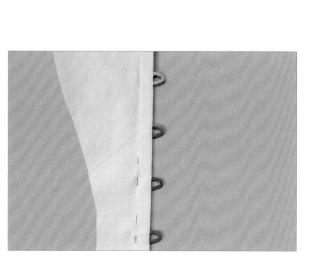

步骤3

把钢片置入,将钩子穿过缺口，在后面用针紧紧固定住。

沿着位置标记进行缝纫，要非常小心，不要扎到金属钢片。

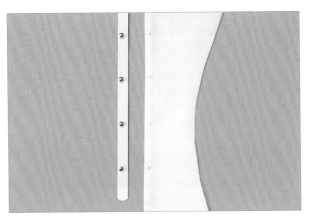

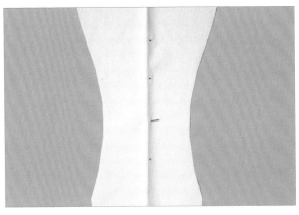

步骤4

把两个左侧前中样板的右边缝放在一起，沿缝份进行缝纫，倒针固定缝合两端。压烫闭合缝份，朝前中线熨平。

将带钉或者孔眼的钢片放置在两个样片之间，这样它靠着左前边，正面朝上。确保钉或孔眼与钢片钩相匹配，用画粉在面料上标记钉或孔眼位置，然后拿掉钢片。

步骤5

用打孔锥或锥子轻轻地仅在顶层面料样片上打一组孔。如果可能的话，尽量避免破坏面料，通过旋拧转动孔锥来扩大每个孔。

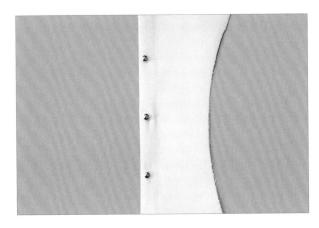

步骤6

把钢片放回两层样片之间，使其靠着前中缝线，并把钉或孔眼穿过孔洞。

用针向下固定住钢片后面每一层，沿着位置标记缝合。

步骤7

用2.5～3mm针距把两层样片从前中心线至后中心线缝在一起，对合对位点；倒针固定缝合每条缝线的两端。

劈缝分烫。

把两个右侧后中样片的右边缝对齐放在一起，沿着后中心线缝合。劈缝分烫，翻到正面，并压烫固定，使缝线成为折叠线。对两个左侧后中样片重复上述步骤。

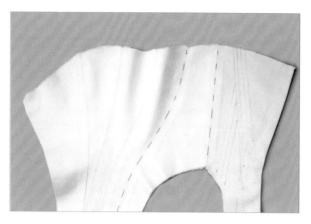

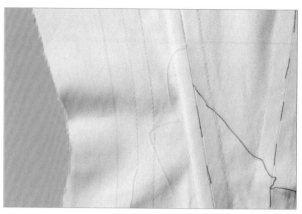

步骤8

把束身衣衣身样片缝线对合，平摊放置。

手针假缝所有的缝份。在两个后中心缝线处，都要尽可能靠近折叠线。

绳绣

如果要获得绳绣效果，将两层样片的所有绳带位置线缝在一起，两端针脚加固缝纫。将绳带穿进管道。

如果绳绣的套管线正好在鱼骨套管线上，需要为后边的绳带套管准备单独一层。

另外剪一块与要进行绳绣部分相匹配的样片，正面向上，把这片新样片固定在上层样片后面。后面那片向外折。沿绳绣位置线缝纫，两端加固缝纫。将绳带穿进套管，裁剪样片没有绳带的多余部分，把后面样片向后折回。

步骤9

制作鱼骨管，通过向下缝合缝份，然后在每个缝线任意一侧距离1cm处，用3mm针距缝纫平行线，倒针固定缝合两端。

靠近折叠线向下边缝后中样片，距离缝线6mm处再缝纫，留出扣眼位置。

缝合所有其他标记的鱼骨位置线。

把鱼骨放置标记线长度减少6mm作为鱼骨长，在鱼骨两端各剪掉3mm。根据放置线位置处样片的形状调整鱼骨两端的形状。将鱼骨穿入管道。塑料鱼骨的末端不需要衬垫包覆，但要用指甲锉修剪掉尖锐部分。

修剪束身衣顶部和底部的毛边，剪掉线头和粗糙的毛边，准备贴边固定上下边。

将束身衣正面朝上，将鱼骨推向套管另一边。从后面顶部或底边开始，沿毛样边用针固定贴边，在两端各留2.5cm。如果使用买来的贴边，展开折叠线后再别针。

用2.5mm针距，沿着束身衣缝份的净样线，将贴边缝合到毛边上。

把剩余部分贴边折叠在边缘上并压烫。将贴边折叠至反面包住毛边并用针固定。用手针暗缝固定，或把束身衣翻至正面用机器沿贴边边缘和面料的边缘缝纫（在前面缝线上缝）。用手针暗缝两端获得干净外观。

用画粉在后中样片标记孔眼的位置，见9章268页缝扣眼，也可以用钳钻来安装孔眼。

可在鱼骨管需要一侧增加细线来固定鱼骨位置（见273页）。

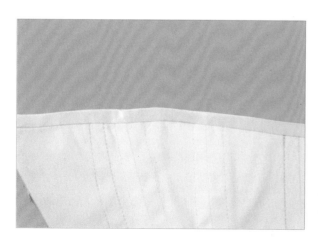

步骤10

剪两条2.5cm宽（含缝份）的贴边。可以使用与束身衣相同的面料或单独购买。

增加腰部和胸下支撑片的基础衣

可以为束身衣增加腰部和胸下支撑片，腰部支撑片可以减小腰部开口处的拉力，胸下支撑片可以加强束身衣在胸围线以下躯干处的支撑。

如果胸部和腰部都增加支撑片，它们需要在束身衣一周较为精确地平行放置以保持平衡。支撑片通常是由一个强度很大的织带制成（罗纹丝带）。

步骤1

剪一段2.5cm宽的织带，长度为腰围加两端各1.5cm。

把织带的一端折进6mm，再折进1cm，用2.5mm针距用机器横向缝合，两端倒针固定缝合。

织带的另一边同上操作。

把钩和钩眼与织带两端缝合，挂钩与织带上边缝合，钩眼和下边缝合。如果织带在侧面打开，则将钩眼缝在带子背面，挂钩缝在前面。

步骤2

把织带的一端固定在束身衣腰围线里面，使其能与束身衣开口边完全对齐；沿腰围线将织带用针固定在鱼骨上直至开口另一边。

将织带上下边与鱼骨机缝在一起。如果用了孔眼，则从开口处向里第二根鱼骨开始；如果用的是拉链、钩眼或者环扣，则从第一根鱼骨后开始。

步骤3

从腰部支撑片处向上量取至下胸围水平线的距离并标记。

在腰部支撑片绕束身衣一圈在鱼骨上标记该距离。

绕束身衣通过标记测量每段长度，在每段末端增加2cm，剪一些该长度的织带。

织带末端在腰部支撑片位置结束。

将胸下织带支撑片对合标记放在束身衣上，并缝合鱼骨的每边，两条支撑织带之间的距离彼此相等。

鱼骨套

如果要做一件单层或轻薄束身衣，需要把鱼骨插入套中。鱼骨套用于各种类型的基础衣，从束身衣到金属架再到裙撑。特制的鱼骨套管可以购买，它单边起绒，所以贴着人体时不会摩擦皮肤。薄纱服装中的鱼骨隐藏或夹在两层套之间。另外，如果没有额外要求增加鱼骨，缝份可以做成套，或者可以用丝带或棉布带做成套，例如，丝绒带就曾被用作鱼骨套。

十字套

因为鱼骨可以在基础衣上垂直和水平方向上放置，小心不要把一个管缝在另一个水平管上，不然会影响两个方向的鱼骨不能顺利穿进去。缝至第二个套管上时，倒针缝合末端，抬起机器压脚，并移动到套管另一侧，倒针缝合，然后继续缝纫鱼骨套。

步骤1

把鱼骨套放在基础衣的标记位置上，标记线应位于套管中间。

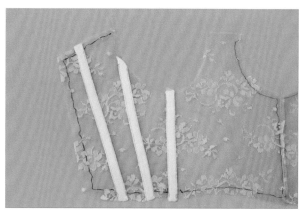

步骤2

在机缝之前，用别针或者假缝固定两边，使缝线接近套管边缘，用2.5mm针距缝合两边，两端倒针缝合固定。

为基础衣领口线添加一个宽边

基础衣上边缘不一定沿服装领口线，宽边可以沿基础衣领口线，也可以在罩杯上或覆盖住罩杯。如果领口线远离身体，或是不平坦的，基础衣就可以用肤色面料或服装面料宽边来处理，在距离领口线下5~7.5cm处，沿贴边底部与服装相连。

6.1 上部宽边（迪奥2009年春夏系列）

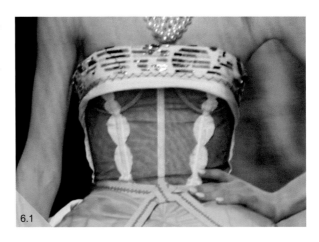
6.1

步骤1
完成除上部或者领口线以外的基础衣结构纸样。

步骤2
对折一张纸，并将前中片的中心线放在折叠线上。
拓印领口线，并样片侧面领口线下约7.5~10cm处做记号，确保贴边下边缘通过胸围线。
将前侧片挨着前中片放置，使领口线相连；拓印领口线和样片侧面领口线下约7.5~10cm。
继续完成所有前片，获得连续的前领口线；连接两侧样片向下位置，形成贴边的下边。
后片同上，从后中心线开始。
给所有样片添加缝份、标记点和对位点。

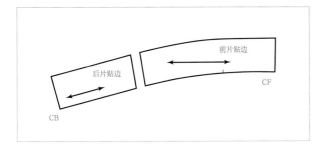

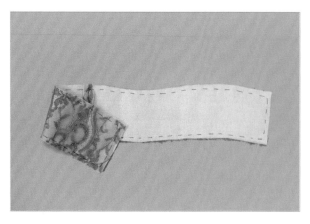

步骤3

从面料上剪下一个前后贴边。如果愿意的话，用蕾丝或其他覆盖面料裁剪一个单独的前片贴边；如果覆盖面料有图案，确保它居中与下层服装领口处图案匹配。把侧边缝在一起，劈缝压烫。如果使用覆盖面料，把它放在前贴边的外面；把前贴边和后贴边沿缝份缝合。

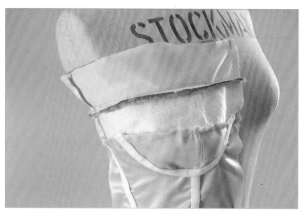

步骤4

把贴边的正面和束身衣反面相对，对齐所有对位点，沿上边缘用3mm针距缝合，两端倒针固定缝合。

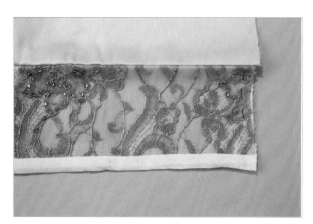

步骤5

从衬里或另一个轻薄面料上剪下一条斜向布纹条，并用它来包住贴边下边缘。

把贴边翻转到正面，沿顶部边缘假缝固定。

步骤6

在上边缘的斜纹条上，用针穿过所有层，固定一条6mm宽的棉布带。

三角针缝合布条，使缝线经过两条边；缝合时要穿过基础衣的所有层。

在后中开口处加一个保护片

在开口后面加一个保护片可以保护皮肤免受摩擦。精心设计的保护片和开口细节可以使其成为一个亮点。

6.2 带有黑色保护片的宽开口束身衣（尚塔尔·汤玛斯2004年春夏系列）

画两个保护片，每个比服装开口稍短，大约5cm宽。

加缝份后，按此保护片纸样裁剪两块面料和一块热熔衬。

将热熔衬粘贴到一块保护片面料的反面。

把保护片面料面对面放置，从上至下缝合一边，然后按照保护片长度，用3mm针距平行缝纵列，间隔1cm；两端倒针缝合固定。

沿顶部向下至保护片外边缘，并沿底部进行边缝。

把保护片放在第一列鱼骨后面，挨着基础衣缝线。为了获得更干净的外观，可以在保护片毛边处加上一根热熔衬作为贴边。

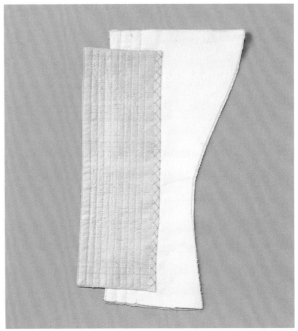

拉链

拉链可放在束身衣除了胸围线以上的其他任意分割线中。它们可以被盖住，也可以在缝线开口中间处；开边拉链作为束身衣开口很好用。隐形拉链仅仅用于轻型基础衣上。但不能将拉链用于复古或还原束身衣上。拉链可用手针暗缝，也可以机缝。对紧身服装，明智的做法是在拉链后面放保护片，这样穿着者的皮肤不会被链齿勾到。

中间拉链

步骤1

衣片正面朝上，将缝份压烫向服装反面。

将衬里的缝份折向衣片反面并熨平。用机缝拉链到衬里反面。

步骤2

拉链正面朝上，放在后中缝份中间。用针固定，在缝份两侧假缝拉链带。

在距缝份线1cm处用机缝或用手针暗缝拉链的两边，拆掉假缝线。

暗拉链

步骤1

把左侧缝份折向衣片反面。

向后折叠右侧缝份，使缝份最终宽度少于3mm。

向后折叠衬里缝份并熨平。

步骤2

打开拉链。用针将右侧拉链带固定在服装开口右边下面，使折叠边刚好接触到拉链牙齿。

距折边3mm处向下机缝或暗缝拉链，小心不要缝住衬里。

步骤3

用针将左侧拉链带固定在开口左侧下面，使拉链牙齿距折叠边6mm。

距折边1~1.3cm处向下机缝或暗缝拉链，小心不要缝住衬里。

步骤4

衬里也可以暗缝到拉链上。

带隐形拉链的后中保护片

这类保护片非常适合用在扣环类开口后面。它加强了开口处的支撑，减小扣环对开口处的拉力。加拉链的保护片还可以构成一些设计细节，例如无系带后开口。

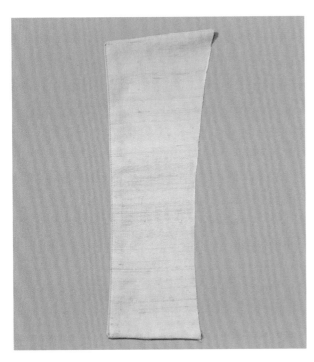

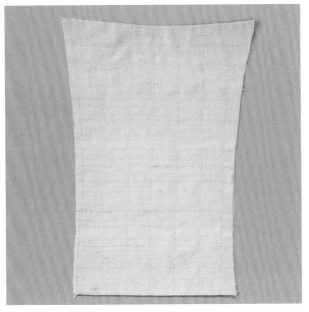

步骤1

拓印后中纸样；将纸沿后中线折叠可以获得对称样片，在样片两侧边添加缝份，作标记和对位点。标记为后中隐藏片。

步骤2

在面料上裁剪一套束身衣样片、一套里衬样片和一套热熔衬样片。将热熔衬粘合在面料反面。

制作构成基础衣，不要缝合左侧后片面料、后中片面料以及里衬样片。

将左侧里衬后中片放在面料上，正面相对，沿上边水平机缝，再向下至底边，最后水平缝合底边；压烫，将正面翻出，也可以选择从后中心线开始缝纫。

步骤3

根据后中隐藏片纸样，裁剪一片面料、一片里料和一片热熔衬。将热熔衬样片粘合在面料样片的反面。

从后中隐藏片中心开始分别向两侧缝纫平行线，缝线间隔约2.5cm。

从上边开始水平缝合至底边，将里衬和后中隐藏片面料层缝合，压烫并将正面翻出。

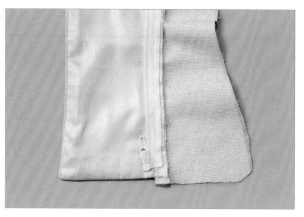

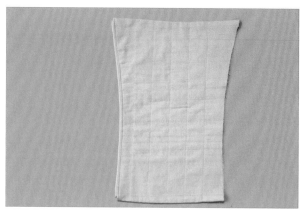

步骤4

将后侧片和后中片缝合，两端倒针缝合固定；熨烫缝份倒向后侧片，翻转，使反面向上。

将分离式拉链带的一侧上下反转放在左后中片反面缝份处，牙齿朝向后中心线。在后中片底部和拉链间留6mm空隙，别针固定。用2.5mm的针距机缝，两端倒车缝合固定。

步骤5

把分离式拉链带的另一端钉在后中隐藏片面料的左侧缝份上。拉链应上下反转放置，使牙齿朝向后中心线。在缝拉链之前，确保与另一边吻合良好。

注意不要缝住衬里，用2.5mm针距向下缝合拉链，两端倒针缝合固定。

把拉链翻到反面，压烫。沿拉链边将面料缝合，固定拉链位置。

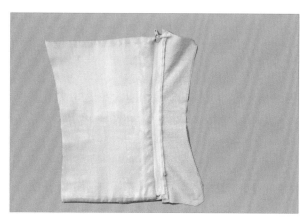

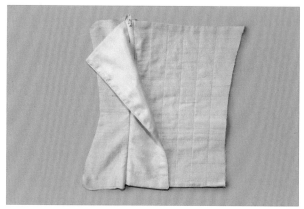

步骤6

翻到反面，熨平后中隐藏片衬里的缝份，用暗缝至拉链带上。

步骤7

翻到正面压烫。将后中隐藏片、后中片和后侧片拉合在一起。

步骤8

把后侧片与束身衣的其他样片连起来。劈缝压烫，熨平后侧片衬里样片缝份，并暗缝至拉链带的另一边。

把后中隐藏片的右侧与后中片的右侧缝在一起。

使用薄纱或网纱

薄纱是一种较轻的网纱，以法国的城市Tulle命名，18世纪那里盛产蕾丝和丝绸。今天的薄纱在六角网眼纱织机上制造，该机器于19世纪初期在英国由约翰·希斯科特发明。薄纱可以由棉、丝或合成纤维制成。柔软的薄纱用于蕾丝的后面，使裸露设计看起来更优雅一些，而层次较多较硬的薄纱则用于衬裙。

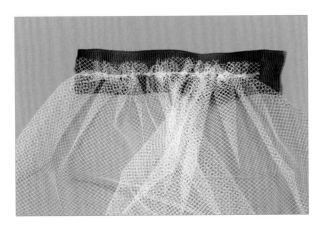

针和线的选择在防止薄纱抽丝上十分重要。微型针细且尖，被推荐用于缝纫薄纱，而其他任何细针也可以使用。棉盖涤的缝线更为理想，因为纯棉线和纯涤纶线都容易断。

裁剪过的薄纱边缘不会磨损，可以不用处理。

如果缝制薄纱时使用了定型辅助，如透明胶带或薄纸，必须撕掉。

当薄纱没有布纹线要求时可以在宽度方向拉伸。

绝对不要直接用熨斗熨薄纱，它会融化，应垫在其他烫布下熨烫。

当作薄纱抽褶时，要将两到三层层叠在一起，用2.5cm宽罗纹带或者其他不会拉伸的缎带裁剪成合适的长度进行缝合，在缎带上平行排列堆叠好的薄纱。

再剪一根长度合适的缎带放在堆叠好的薄纱上，这样薄纱被夹在缎带中间，缝合缎带的顶部和底部边缘。也可以从中间缝纫使薄纱更加平整，消除鼓包。

缝纫时用左手铺平薄纱。

添加薄纱时要慢慢地缝，防止它们起皱和堆积在一起。不要拉扯薄纱，这样做会导致机针断裂或压脚被夹进薄纱中。

可以添加马尾编织带或鱼骨，使薄纱变硬或进一步造型。底边也可以加钢圈。

7 文胸设计与制板

　　描述女运动员穿着像文胸一样服装的记录可以追溯到公元前14世纪，而在公元79年庞贝古城毁灭中幸存下来的壁画也展现了女性穿着的早期文胸。在我国明朝（1368—1644年），带有罩杯和肩带的基础衣被富裕女性穿着。纵观整个现代社会，妇女的地位和文胸的历史伴随着改变身体形象而交织在一起。玛德琳·薇欧奈、露西尔和保罗·波烈都声称在20世纪初推广了文胸，当时为塑造人体夸张造型的束身衣已过时，而正好到胸下的款式出现，这就使得穿着支撑乳房的胸罩非常必要。

　　在20世纪20年代，女性把自己的乳房压平是一种时髦。但当妇女们跟风明星和广告女孩时，风格逐渐转变了，恢复对乳房的强调。到了30年代，有了分离式罩杯文胸；这些文胸因为新出现的弹性面料有不同尺寸的罩杯。

　　女性乳房很少对称，每一个乳房形状都不同。和胸肌相比，乳房是可以改变形状的，并且有自己的重心，它可以向上，向下，或从一侧到另一侧移动。几十年来设计师通过尝试填充和控制乳房的位置和形状，创造了令人难以置信的效果。设计一件文胸需要对乳房的解剖结构以及文胸的机理——裁剪和合体有一定的理解。纺织技术在文胸从纯粹的功能内衣到今天的时尚代言角色中起着重要作用。

左页图 滑稽舞者蒂塔·万提斯
在2012年墨尔本时装节上穿着
雯迪诗品牌的上推型胸罩

文胸构造

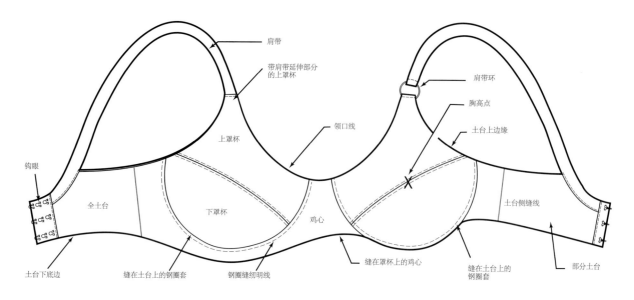

肩带
带肩带延伸部分的上罩杯
肩带环
胸高点
领口线
土台上边缘
上罩杯
钩眼
全土台
下罩杯
鸡心
土台侧缝线
土台下底边
缝在土台上的钢圈套
钢圈缝纫明线
缝在罩杯上的鸡心
缝在土台上的钢圈套
部分土台

罩杯

罩杯用于承托乳房。罩杯可以有一个或多个拼缝，拼缝可以水平、垂直或两者混合，只要它们相交于胸高点就行。罩杯也可以一片式压模，但会限制设计师只能根据制造商的罩杯规格进行设计。罩杯上缘是文胸上可以进行装饰的区域，它可以是一种透明面料或者是对比面料叠加制成。罩杯根据设计可带或不带钢圈。胸垫、强力条、领子和螺旋缝都可以添加到罩杯上。

土台

土台，或胸罩架，位于胸腔周围，可以由一片或多片面料制成。它可以是前开口也可以后开口。一些运动胸罩没有开口，只能从头上套进去。罩杯通常缝在土台上，一些运动文胸的土台和罩杯是一体的。

侧缝可以加鱼骨来加强胸部支撑，特别是对大罩杯，有时也用于无肩带文胸中。当土台用与罩杯采用不同的面料，或土台前片和罩杯采用相同面料时，土台后片可以和侧片用弹力网布缝在一起。

鸡心

鸡心是文胸罩杯间的前中心，它可以和土台连成一体或分开。它可以用替代的面料制造和装饰，但必须要保型防止拉伸变形。它可以从罩杯下延伸至侧缝线构成土台前片。

肩带

肩带可伸长，采用弹性面料或和罩杯一样的面料制成。肩带可窄可宽，可调或不可调。肩带不应为罩杯提供支撑，它只起连接作用。肩带可以加衬垫使其变得更舒适。

文胸辅料

除面料以外的其他所有东西称为辅料，包括肩带滑片和环、钩眼带、前扣、下钢圈、连续或单一钢圈和分离片。

正确测量文胸的尺寸

有70%的女性穿着错误尺寸的文胸。大多数女性都曾有一个试穿时舒适合体的文胸，这可能是她们的第一个文胸，从那时起她们会持续购买这个尺寸的现成文胸。但是生活变化，乳房也将改变，就像身体的其他部分一样，也会改变；文胸的尺寸当然也就随着时间的推移而改变。像夹脚的鞋子一样，一个不舒适的文胸会让女性感到痛苦，因此必须定期进行文胸试穿调整。为了找到正确的土台和罩杯尺寸，需要测量以下三个尺寸：下胸围、胸围和上胸围。

可以穿衣服或穿不加胸垫的文胸进行测量，大胸女性在不穿文胸的情况下会得到更精确的测量值。

土台或下胸围尺寸（美国制和英国制）

要确定土台尺寸，需要在下胸围胸廓外保持卷尺拉紧并呼气。确保卷尺围绕身体一周保持水平。

土台尺寸总是用偶数表示。通过添加松量来获得一个偶数土台尺寸，如果测量值是：

偶数，加4英寸。

例如，如果测量值是28英寸，加4英寸=土台尺寸32。

奇数，加5英寸。

例如，如果你的测量值是29英寸，加5英寸=土台尺寸34。

奇数加1/2英寸，加5英寸后向下归到最近的英寸。

例如，测量值是31.5英寸，加5英寸=36.5英寸，然后向下归到最近的36英寸。

偶数加0.5英寸，加4英寸然后向下归到最近的英寸。

例如，测量值是30.5英寸，加4英寸=34.5英寸，然后向下归到最近的34英寸。

土台尺寸（欧洲制/公制）

在公制尺寸中，尺寸是以5cm增长的，那么就向上或向下归到最近的5cm：

如果测量值是71cm，向下归到70cm。

如果测量值是73.5cm，向上归到75cm。

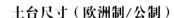

胸廓测量值	土台尺寸	
68.5~72.5cm	32	（70）
73.5~77.5cm	34	（75）
78.5~82.5cm	36	（80）
84~87.5cm	38	（85）
89~92.5cm	40	（90）
94~98cm	42	（95）
99~103cm	44	（100）
104~108cm	46	（105）
109~113cm	48	（110）
114.5~118cm	50	（115）

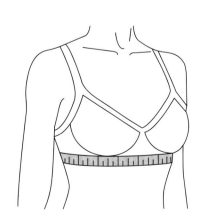

罩杯尺寸（美国制和英国制）

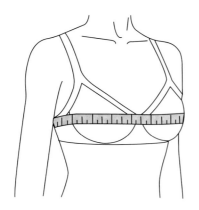

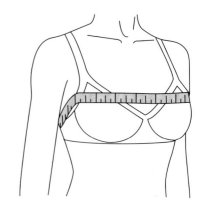

在胸部最高点为准测量胸围。手臂放在两侧，站直，呼气，确保卷尺不扭曲且经过乳点。同理可以穿衣服或是穿不加垫的文胸测量。大胸女性在不穿文胸时会得到更精确的值。

测量上胸围，在胸部上面紧靠腋下，呼气，保持卷尺拉紧。

将胸围减去上胸围，通过差值在下方表格中找到罩杯尺寸。每隔2.5cm增加一个罩杯尺寸。

1英寸（2.5cm）=A罩杯，2英寸（5cm）=B罩杯。

如果测量值是在两杯之间，通常选择较大的罩杯尺寸。

罩杯尺寸表

胸围和上胸围差值	罩杯尺寸
相同或小于	AAA
小于2.5cm	AA
2.5cm	A
5cm	B
7.5cm	C
10cm	D
12.5cm	E或DD
15cm	F或DDD
17.5cm	G或FF
20cm	H或GG或FFF
23cm	I或HH
25.5cm	J或II
28cm	K或JJ
30.5cm	L或KK

土台尺寸换算表

美国制/英国制	欧洲制	法国制	意大利制	澳大利亚制
28				
30	65	80	0	8
32	70	85	1	10
34	75	90	2	12
36	80	95	3	14
38	85	100	4	16
40	90	105	5	18
42	95	110	6	20
44	100	115		
46	105	120		
48	110	125		
50	105	130		

钢圈

钢圈使罩杯保持固定的直径，给予最大的塑型和支撑。在罩杯尺寸表中B罩杯的上胸围和胸围之间有5cm的差距。

钢圈的直径在一些尺寸间是可以互换的。例如36B文胸可以用36钢圈，而32D、34C和38A也可以用。随着土台尺寸的增加，支持钢圈的罩杯尺寸将减少。40钢圈适合40B、38C、36D、34DD和32F。

罩杯每增加一个尺寸，钢圈增加2，所以36钢圈从34开始只增加一个大小，钢圈每个尺寸间的直径差异是9.6里面，或每个尺寸间相差0.6厘米。

使用下面的钢圈换算表找到正确钢圈。通过表中侧列的土台尺寸和上部的罩杯尺寸来获得钢圈尺寸。

注意，供应商不同钢圈尺寸也会不同。对于欧洲/国际、法国、意大利和澳大利亚的尺寸，请遵循182页的土台尺寸转换表。

钢圈转换表

	A	B	C	D	E	F	G	H	I	J	K
32	30	32	34	36	38	40	42	44	46	48	50
34	32	34	36	38	40	42	44	46	48	50	52
36	34	36	38	40	42	44	46	48	50	52	54
38	36	38	40	42	44	46	48	50	52	54	56
40	38	40	42	44	46	48	50	52	54	56	58
42	40	42	44	46	48	50	52	54	56	58	60
44	42	44	46	48	50	52	54	56	58	60	
46	44	46	48	50	52	54	56	58	60		
48	46	48	50	52	54	56	58	60			
50	48	50	52	54	56	58	60				
52	50	52	54	56	58	60					

不同文胸款式

软罩杯文胸

软罩杯文胸也称无钢圈胸罩；三角杯文胸也是软罩杯的一种。一些柔软的文胸有钢圈包覆带，但不加钢圈支撑。这种款式有各种不同的罩杯和土台设计。软杯文胸主要用于A～C这些较罩杯，不需要太多的支撑。

三角杯文胸

三角形罩杯能给A和B尺寸很好的支撑。三角杯可以通过一条过胸高点的垂直中缝来塑型，或较低的罩杯可以通过省道和抽褶来塑型。三角杯文胸通常没有钢圈，肩带很细，可以露背，也可以添加提升功能胸垫。

钢圈文胸

钢圈可以对罩杯进行支撑和塑型。一件十分合身的钢圈文胸应该穿着舒适，不夹或勒住胸廓。钢圈文胸适合所有罩杯尺寸。

不完全杯文胸

不完全罩杯也被称为半杯或不完全杯。这类罩杯有约3/4的罩杯覆盖且前鸡心位置较低。它通常是专为小罩杯设计，可能有一个前开口。一个半杯文胸的钢圈约比正常钢圈短3.8cm。

模压或填充杯文胸

模压文胸的罩杯是由制造商模压造型的。它也被称为T恤文胸，因为它在紧身服装下，看不到拼缝线，而且胸部被完全覆盖，也不会显露乳头形状。它可以做成满杯或半杯。

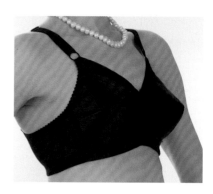

锥形文胸

锥形文胸或子弹头式文胸是20世纪40年代和50年代追赶潮流女孩的最爱。乳房被塑造成锥形而不是向上向内提升。

平口文胸

平口文胸也被称为支架式文胸，是一种更裸露款式的部分覆盖文胸。虽然它覆盖少，但它塑造了完美的乳沟和提升效果。

无肩带文胸

这款文胸的所有支撑都来自土台。土台通常较长，可能会添加鱼骨。可以在土台和领口线上增加弹性抓爪使文胸贴合人体。这款文胸有时也会带有可脱卸肩带，肩带通过缝在在领口线和土台后片上缘的G型钩连接文胸。这就给穿着者更多选择：无肩带，露背，或交叉肩带。

运动文胸

这是一种给穿着者在运动时增加胸部支撑的专业文胸。这些文胸由芯吸材料或透湿面料制成，带防摩擦缝线。大多数没有其他辅料直接从头部套进即可；有些会有一个前拉链。可以是整片后片或工字后背，防止肩带在运动时滑落。

义乳文胸

这个文胸的内部添加了柔软的棉口袋能容纳假体，或是将较小的轻型塑料珠永久地缝在模杯上。其中一些文胸的正面和背面都有开口，给穿着者更多选择。

哺乳文胸

这种文胸有带锁扣装置的双层罩杯。内层罩杯有一个孔，以露出乳头，并在给婴儿哺乳时支撑乳房。外层罩杯可以拉下，哺乳后可以拉上并扣紧。这些文胸通常由棉制成，易于清洗。

鱼骨文胸

鱼骨可以加在罩杯的上面和下面。加入鱼骨的罩杯支撑更大，特别是对无肩带文胸。鱼骨也提供了更多的设计选择。

文胸试样

支撑、遮盖和舒适是设计、制作或选择文胸的考虑因素。款式和面料是设计师和穿着者的附加审美选择。当穿上文胸时，佩戴者应该弯腰，让乳房自然地填满罩杯。文胸可以通过抬高每一侧乳房来调整，最终使乳头位于罩杯中心。

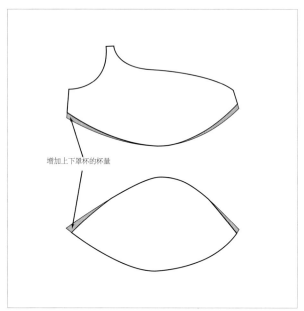

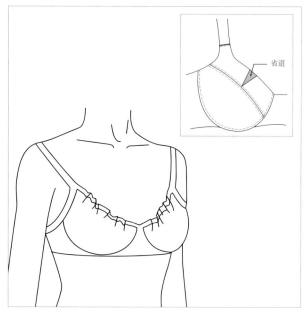

步骤1

鸡心应平坦位于胸骨处；如果鸡心和胸骨之间能塞进超过两根手指，这款文胸就不合体。

罩杯应该是光滑的，没有褶皱。如果土台合适，就向上或向下调整一个罩杯尺寸。

如果在前中上有抽绳，罩杯的腋下在胸围线上，则罩杯的外周太小，需要在上罩杯、下罩杯袖窿处和胸围线前中上边缘增加面料。记得在土台相同点进行对等调整。

步骤2

如果罩杯是成型模杯，乳房应无缝填充。如果有间隙，应减小一个罩杯尺寸。

如果罩杯沿杯上领口线有褶皱，则需要缩短杯顶领口线长度，罩杯上领口中心做一个小的省道去除多余的面料。

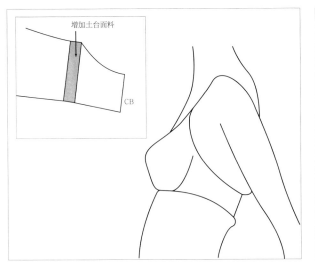

步骤3

鸡心部位贴合不好会造成乳房向中心跑位，就像只有一个乳房一样。。

如果土台太紧会使钢圈勒进胸廓造成伤害。如果土台部分卷起也表示它太紧了，在肩带位置前为土台后片增加一定长度的面料。

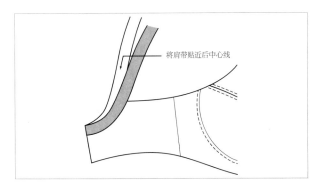

步骤5

如果文胸穿着者在前面往上提拉肩带或在后面往下拉肩带，那就是土台太松了。如果它太松，会导致乳房下垂。同样，可以通过缩短后背土台来解决问题。

土台在后背不能滑上去，应该与胸廓水平。如果

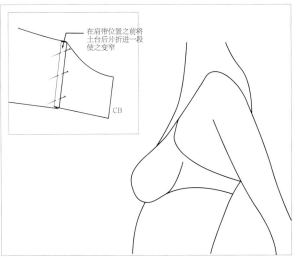

步骤4

如果文胸背部土台太长，也会导致试穿不合体。可以在肩带位置前减短背部土台来解决问题。

定制钢圈

自制金属钢圈，在钢丝上标记想要的长度并用钳子剪断。将钢丝末端浸在液体橡胶中，如Plasti Dip或者House-hold Goop牌子的乳胶或某种液体橡胶涂料，将沾上橡胶的末端朝下，悬挂晾干。

它太松，它会在举起胳膊时提起文胸。首先检查土台是否可以在扣上时保持紧绷；如果没有，就是土台尺寸太大，需要减小一个尺寸。合适的土台就是能够把两个手指放进去。

不要用最大拉伸量来裁剪样片，使用四面弹的针织物也会造成合体性差。

另一个常见问题是肩带滑落，当肩带太宽时会发生这种情况。肩带的位置应该在从胸高点到肩线中点的直线上，也要检查后背肩带之间的距离是否太远。后肩带位置应该位于肩部和脊柱之间的中点处。

如果钢圈在活动时戳到乳房，它就太小了；如果是戳到腋下的肉，就是太长了。换大一号的钢圈，或通过使用不同的形状/大小的钢圈减短在腋下边缘处的长度。

面料

　　文胸可以用梭织、针织或两种面料混合制成。有些女性穿着文胸时仅喜欢进行很小的运动，所以她们会喜欢弹性很小或没有弹性的面料。如果想使用有很强弹力的面料，要考虑与拉伸性较弱或没有拉伸性的另外一种面料一起使用。

　　在文胸制作过程中，最重要的是要考虑织物的最大拉伸方向，而不是布纹线。针织物可以有单向或双向拉伸，而梭织物只有斜裁或横裁才有更大的拉伸。通过了解最大拉伸的方向，可以在文胸制作中利用这一优势。在选择面料时应考虑使用最少的用料。

如何使用最大拉伸方向

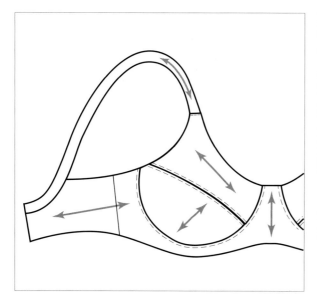

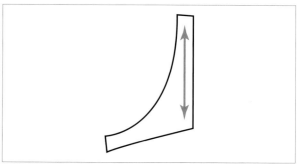

　　鸡心不能有任何水平方向的拉伸，因为这一区域是要稳定，通过将最大拉伸方向平行于前中心线放置来消减其他拉伸。

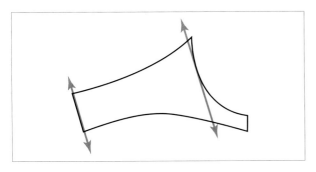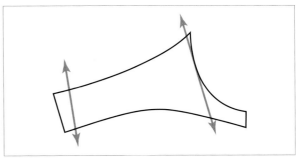

　　土台围绕身体，支撑文胸，所以需要一点弹力。把样片放在织物上，最大拉伸方向与后中心线和钢圈线平行。可以通过改变罩杯顶部和下部的最大拉伸方向来满足需要的拉伸，而不改变土台和鸡心的拉伸方向。

　　当然，更为重要的是钢圈线和最大拉伸方向水平，而不是后中心线，因为这样有助于增强对罩杯的支撑。

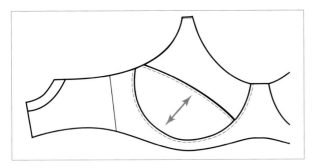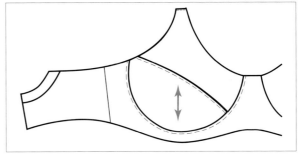

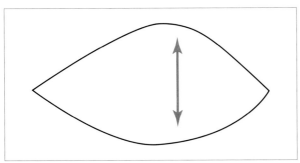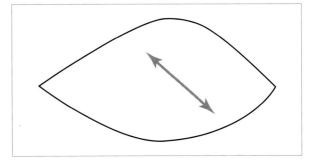

　　下罩杯片支撑乳房重量，可以通过改变最大拉伸方向得到不同的效果。如果最大的拉伸是垂直上下放置，就能把乳房向上托，因为它会在乳房上沿对角线拉伸，就像上提或者衬垫文胸效果一样。

　　多数成品文胸的下罩杯片会把最大拉伸方向沿前中心线对角放置，这个方向上的最大拉伸会带来最大的弹力。

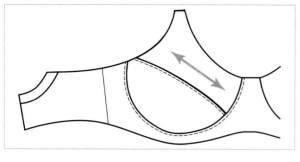

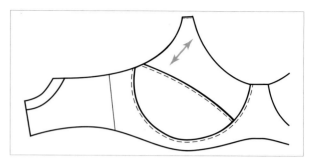

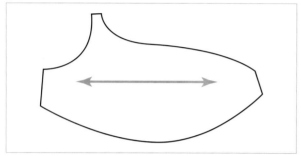

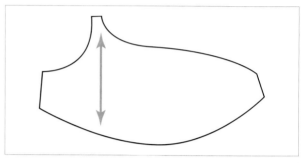

约90%的成品文胸会将上罩杯片的最大拉伸方向水平放置，这样就和上领口线平行。

如果最大拉伸方向和上领口线垂直放置，肩带拉伸就太多了，但可以通过增加强力带来抵消，见第208~210页的强力带和支撑圈。

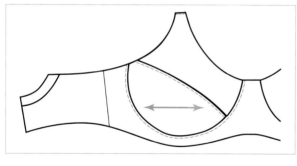

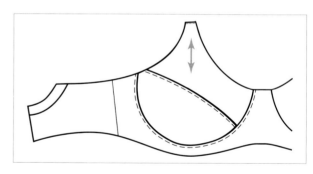

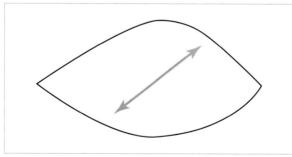

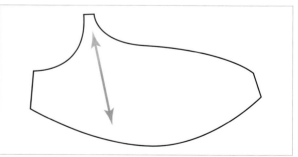

把最大拉伸方向放在斜向位置（远离前中）将对身体产生水平方向的拉力。这将把乳房往胸腔推，消除反弹，常用于运动文胸中。

沿对角线上放置最大拉伸也会给肩带太多拉伸，这样反而不能支撑乳房。

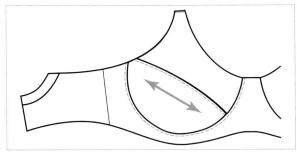 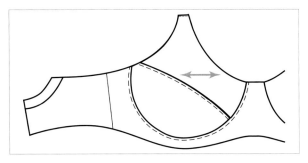

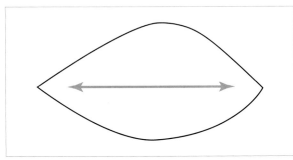 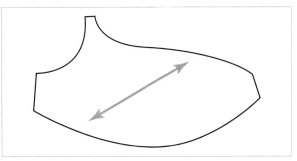

下罩杯片最大拉伸方向到水平位置，可以把乳房组织向侧面和前中心推出，对身体产生与前中线呈直角的方向的拉力。这对于下杯丰满的人十分有效，因为它重新分配了乳房组织。

将上罩杯片最大拉伸沿着从前中高腋下低的斜向放置，领口位置为斜向布纹方向，它会压平该区域乳房，因为它对身体产生了水平方向的拉力。

文胸立裁

这种立裁文胸模杯的方法可追溯到古希腊人和古罗马人。希腊的妇女戴上"Apodesmos"以突显自己的乳房。这种胸部绑带由羊毛或亚麻制成，被覆盖在胸廓周围，正好在胸部下方并在后背系上。"Strophium"是一种罗马妇女锻炼或参加体育竞赛时穿的类似无肩带文胸。

通过用石膏或涂胶织物覆盖乳房而创建木制乳房人台，已由法国文胸商家使用，比今天知道在19世纪末首次引入的覆衬垫人台历史更悠久。

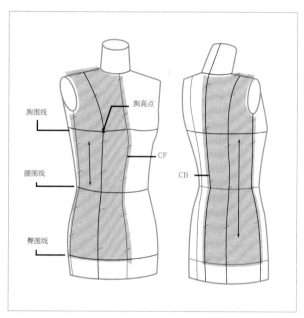

步骤1

把公主线分割衣身原型或者中等重量的白坯布覆在人台上。不要任何松量。

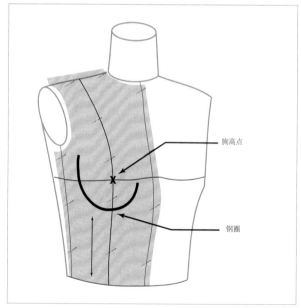

步骤2

将正确尺寸钢圈用标志带贴在人台样衣的乳下点处，确保钢圈的中心距离比乳下点低6mm，留出标志带位置。在坯布上画上钢圈形状。

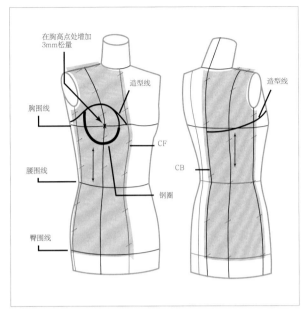

步骤3

标记胸高点，在侧片的胸高点处增加3mm。加入这点松量可以防止胸围线被拉平。

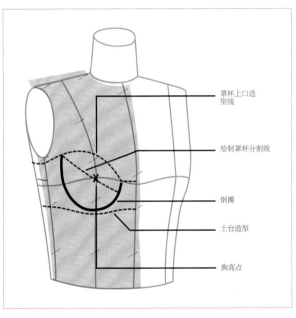

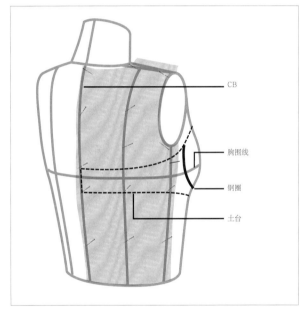

步骤4

标记文胸款式线。通常从胸高点到领口线约为7.5cm。

在前后片添加对位点。小心地从人台身上拆下样衣，沿着款式线剪下，平摊样衣。款式线可以是任何形状，只要最终剪开后能摊平，这样才能把样板转移到纸上。

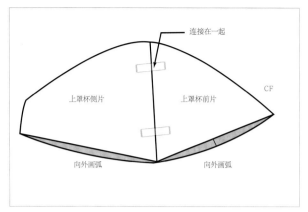

步骤5

把坯布样转移到打版纸上。最简单的做法是把纸对折，并将坯布样放在两层纸之间。在上层纸上放镇纸使其不动，复制坯布样轮廓。

裁剪纸样，不要忘记对位点和布纹线。加入上罩杯片可以创建一个样片。

从胸高点曲线向外圆顺连至前中心线，接着从胸高点曲线向外圆顺连至腋下。下罩杯片同上。

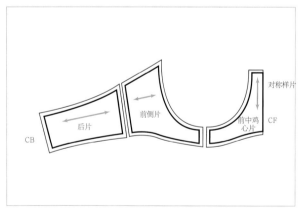

步骤6

所有样片加缝份。

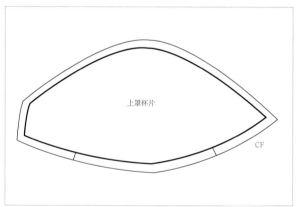

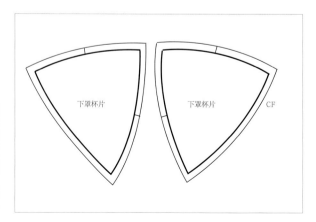

根据钢圈制作文胸罩杯

下罩杯

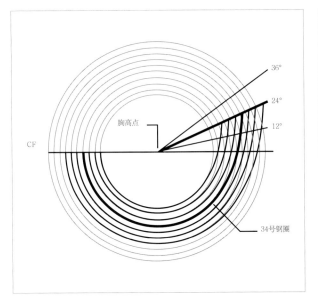

步骤1

测量钢圈长，并用这个测量值画圆。绘制圆的水平和垂直方向直径。水平线是胸围线。

把钢圈放在前中心线的胸围线上。钢圈尾部在另外一侧，将从胸围线向上向外延伸，但不允许延伸超过36°以上，否则钢圈会戳到身体，造成伤害。

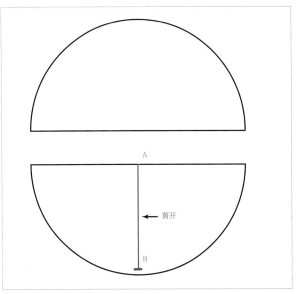

步骤2

除去钢圈尾部的情况下，重新绘制两个半圆。这样可以获得上罩杯和下罩杯，剪下下罩杯。

把下罩杯片沿中心线剪下至到底部约3mm处保留。把剪开线的顶部标记为点A，底部标记为点B。

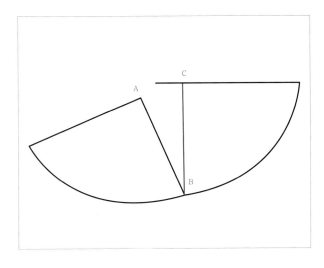

步骤3

把罩杯片左侧展开直至上部长度等于乳房的直径。为了获得该测量值，将胸围和下胸围测量值除以4。从胸围中减去下胸围获得需要增加的宽度量，通常在3.8～5cm之间。

按照宽度增加量展开罩杯左侧，标记为点C。

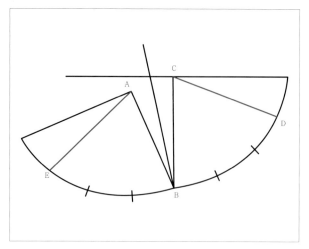

步骤4

从中心（点B）开始把罩杯的每边周长分成四个相等的部分。右侧顶部开始的第一个标记点记为点D，左侧顶部开始第一个标记点为点E。

从点A到点E、点A到点C，画两条线，剪下这两条线，去掉圆中的这两个部分。

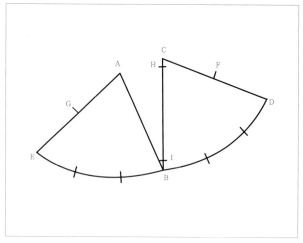

步骤5

从C点向下量取1.3cm，标记为点H；从B点向上量取1.3cm，标记为点I。找到线段AE的中点，标记为点G；标记线段CD的中点为点F。

从点F和点G向外画3mm长的垂线。

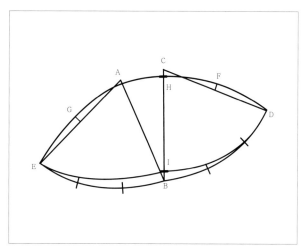

步骤6

用曲线尺从点E过点G外标记，点H、点F外标记到点D画圆顺曲线；再用曲线尺从点E过点I画一条曲线线到点D。

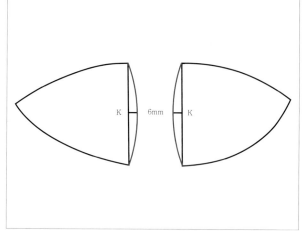

步骤7

沿着曲线剪下两个下罩杯样片。测量两个样片上的裁剪线（从点H到点I，另一侧沿相同的线），并标记中心点。从中心标记点向外6mm处，标记为点K。用曲线尺从顶部向底部通过点K画曲线。

罩杯样片所有边添加6mm的缝份。

上罩杯

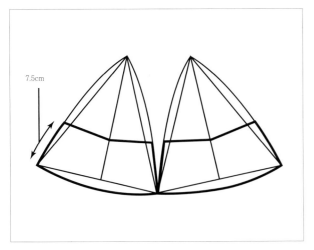

步骤1

制作一个下罩杯纸样并且上下翻转。在每个罩杯的中心画一条线。

在每个三角形的两边从该线底部向上量取大约7.5cm，在每个三角形中画线连接所有的三点。

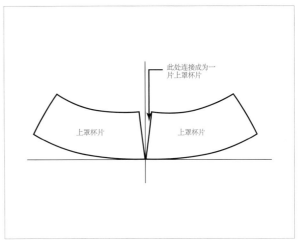

步骤2

沿线剪开，创建两个上罩杯。

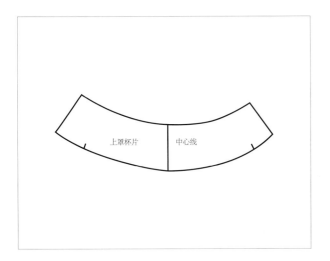

步骤3

把两个上罩杯沿中心线连接起来变成一片纸样。

步骤4

给罩杯样片的所有边添加6mm的缝份。

从半圆创建上罩杯

可以通过使用步骤2中创建下罩杯的上半圆来创建上罩杯纸样，算法如步骤3（见第195页）。

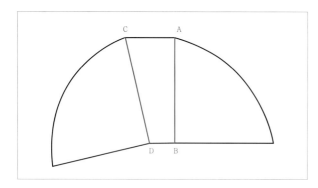

步骤1

沿中心线把上半圆分成两半。

先取右侧部分，中心线顶部标记为点A，底部标记为点B。从点A延伸出去6.5cm标记为点C。这相当于把罩杯宽度增加量加下胸围差量。

从点B延伸出去3.8cm标记为点D。此为罩杯宽度增加量。画线连接点C和点D。

将左侧部分与这条线连接，点C和点D对齐中心线的顶部和底部。

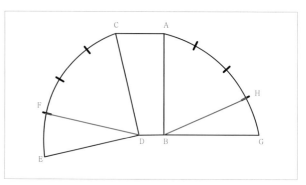

步骤2

分别从点A和点C把每部分的弧线等分成四段。右侧底部开始的第一个点标记为点H，左侧底部开始的第一个点标记为点F。

画线连接点B和点H、点D和点F，移去这两个部分。

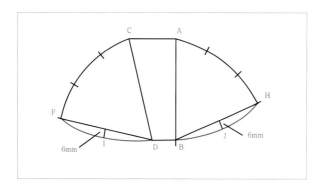

步骤3

找到线段FD中点并从该点垂直向外量取6mm，标记为点I，线段BH重复上述步骤，标记点J。

用曲线尺画弧线连接点F、点I和点D，点B、点J和点H。在点B标记对位点，此为胸高点，将与缝线吻合连接两个下罩杯片。

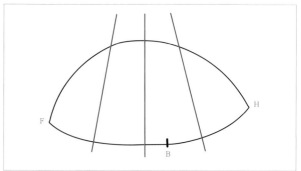

步骤4

为了获得肩带的位置，需要把罩杯对折，使前面的点H和侧面的点F对合，再次对折，使下边缘对齐。画出这三条对折线。

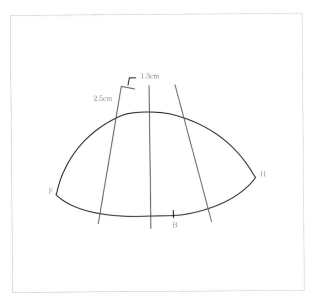

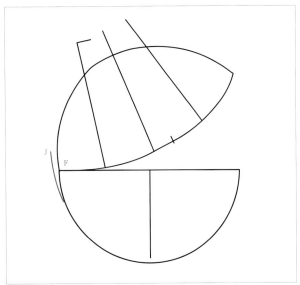

步骤5

从罩杯上端离F点较近的对折线沿线向上量取2.5cm，再向罩杯中心方向画垂直线，取线长为1.3cm或者肩带宽。

步骤6

回到步骤2中带有腋下钢圈延伸的圆形（见195页）。放平腋下侧的上罩杯纸样，把F点放在前中心线上，接触下半圆边缘。根据步骤1在罩杯的侧边画出钢圈延伸线，尾部标记为点J。

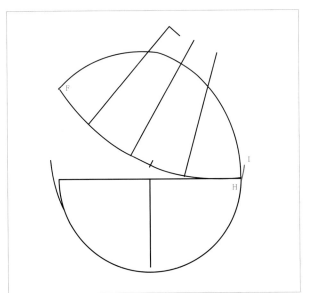

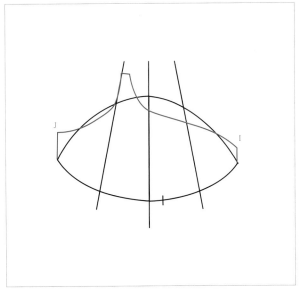

步骤7

把上罩杯前中心线上的点H放在圆弧上。从前中心线向上量取圆弧1.3cm并标记。

从该标记点向外量取3mm标记为点I。用曲线尺从点I到点H画弧线。

步骤8

现在，通过新的点I和点J，在上罩杯侧面边缘画出袖窿形状。

从肩带顶部到前中心线画出领口线。

步骤9

为所有罩杯片外边缘添加6mm的缝份。

无肩带上罩杯

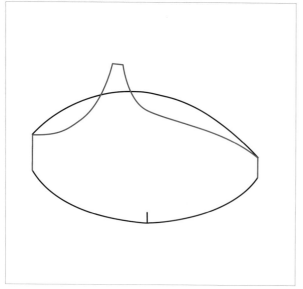

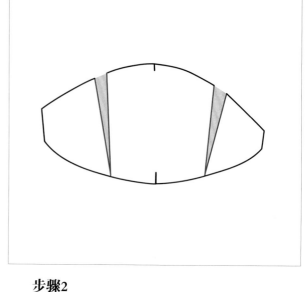

步骤1

圆顺上罩杯的领口线，除去肩带和腋下的形状，裁剪模杯。

步骤2

把罩杯两次对折，保持顶部边缘对齐，最后的折线在顶部应向外倾斜。沿向外折叠线画线。

在顶部画一个6mm宽的省道，闭合省道重画领口线。如果进行试穿后可能需要重新调整省道。

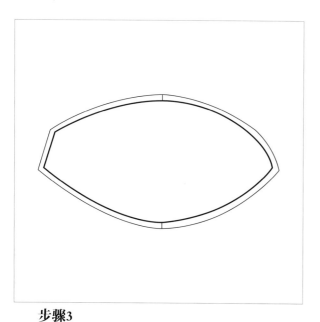

步骤3

为罩杯所有边添加6mm的缝份。

三角罩杯

三角杯能给A、B罩杯尺寸提供良好的支撑。

三角杯可以通过胸高点的垂直中心缝，或可通过省道和抽褶对下罩杯塑型。三角杯文胸通常没有钢圈，肩带很细，形成挂脖露背效果，也可以添加上提胸垫。三角的宽度需要能够支撑乳房。从胸部半径或胸围开始，并乘以2。

例如：胸部半径为9cm×2=18cm

如果需要在罩杯底边抽褶，将这个值乘以1.5来增加余量。这个余量可以抽褶或省道来造型罩杯。加7.5cm将不能抽褶，且只能放在腋下位置。

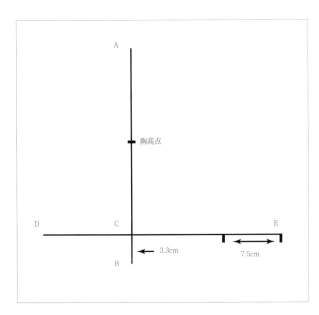

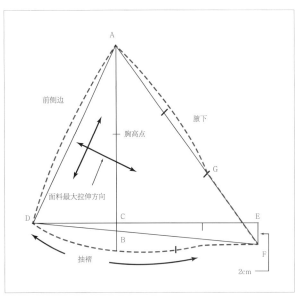

步骤1

画一条直线，取长度为胸部半径的两倍，端点标记为点A和点B。从点B向上量取3.3cm，标记为点C。过点C画水平线，长度为之前获得加入余量7.5cm的罩杯底边长，标记端点为点D和点E。二等分线段AB，标记等分点为胸高点。

步骤2

从E点向下量取2cm，标记为点F。连接点D和点F。从点D到点B画一条向外凸的曲线并经过点B和点F之间的中点。从该点开始稍微翻转曲线，在到达点F前与原始线重合一段。从点A到点D画一条微凸的曲线，将线段AF三等分，标记最低等分点为点G。从点A到点G画一条微凸的曲线。

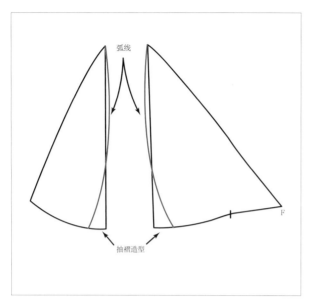

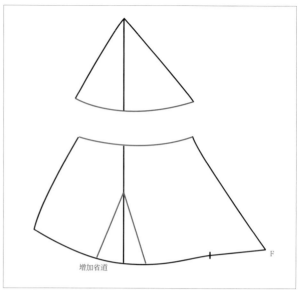

步骤3

现在对罩杯进行变化设计，记住，如果想有一个省道，它应该在胸点下2.5cm处结束。沿中心线剪成两片，或通过胸高点水平剪开成一个上罩杯和一个下罩杯。沿着下底边在距点F 7.5cm处作一个对位点。

为文胸加款式细节

罩杯有许多形状，只要拼接缝相交在胸高点可以按喜好创意设计款式。除非是没有接缝的模压文胸罩杯，大多数罩杯都至少有一个横向拼缝。在设计时，面料非常重要。例如印花面料可能需要多个接缝来呈现最好的印花效果，但太多的接缝会破坏蕾丝面料。

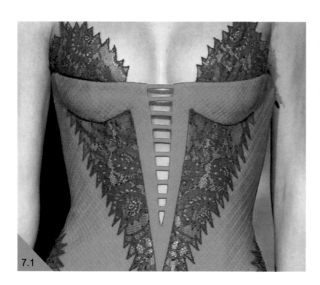

7.1 通过巧妙组合面料并利用对比色，范思哲为这条裙子创造了一个非常有趣的罩杯（2002年春夏系列）

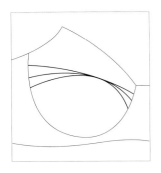

横向接缝

可以添加曲线接缝，但必须在钢圈范围内起始和结束。这种造型适用于大尺寸罩杯，因为它能减少乳房突起。在20世纪70年代之前，类似这种的横向接缝线几乎塑造了所有文胸。

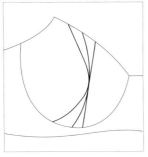

纵向接缝

这种接缝从领口开始直至乳房下，能够给予很大的支撑。曲线状接缝可以添加在罩杯内部和外部。

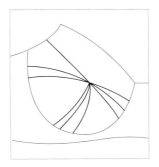

更多接缝

为了增加美感、获得额外支撑或增加，可以增加更多的接缝，或为罩杯提供更多的空间，只要有一条接缝在胸顶点上就行。这是前胸口与土台面料或色块对比的一个很好的方式。

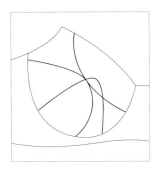

曲线接缝

这些接缝可以开始和结束在乳房下方，在胸高点改变方向。这种接缝在提升乳房的同时也稳定胸部。

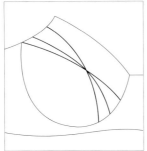

斜向接缝

这些接缝可以从腋下弧线的任何位置开始，只要这些接缝通过胸高点可以在任何位置结束。

子弹文胸

这种复古文胸产生于20世纪50年代，穿在紧身毛衣下，使乳房成为一个尖的锥形。1990年，Madonna在她的Blonde Ambition巡演时穿着由让·保罗·高缇耶设计的子弹罩杯式内衣试样服装，登上了头条。

这种形态的文胸，其面料必须硬挺，没有任何弹性，因为胸高点不能塌下来或扁平。将填充物添加到面料里面，并圈状绗缝所有层。

7.2 1990年Madonna穿着让·保罗·高缇耶设计的子弹文胸站在舞台上

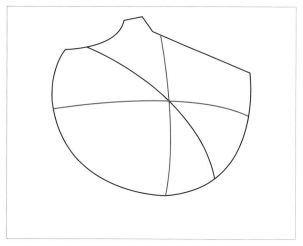

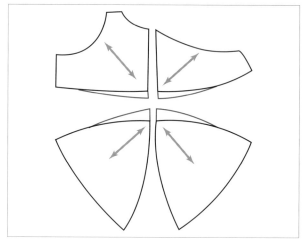

步骤1

在全罩杯杯上进行操作，标记胸高点。确保通过该点，把罩杯分为四个相等的部分并标记。沿着这些标记线剪开罩杯。

步骤2

沿腋下向胸高点将四片罩杯片水平分割线在胸高点位置向外延长，并稍微弯曲。曲线越直，锥形罩杯越尖。

软杯文胸

软杯文胸是一种酷似20世纪20和30年代开始的漂亮丝绸文胸。这种文胸没有钢圈，因此所有的支撑必须来自土台。

软杯文胸可以由两个或三个样片组成。罩杯可以延伸到前中直到鸡心。后面样片可以延伸进腋下罩杯里，罩杯边缘采用软边，作为与土台的连接。罩杯也可以在周边加入框架，获得更加柔软的边缘。可以在下罩杯增加省道来塑型，为了支撑，土台可以更长。

粘贴在一起

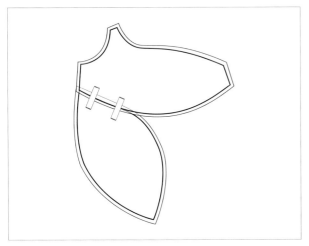

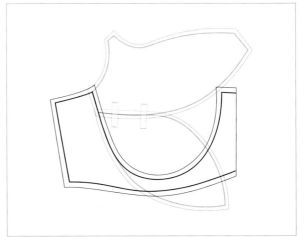

步骤1

将两片前土台样片重叠缝份，用胶带粘合在一起。

将下罩杯样片与上罩杯样片对齐在一起，重叠缝份，从侧缝线开始将其连接在一起。

步骤2

将罩杯侧边的线与土台连接在一起，重叠缝份。

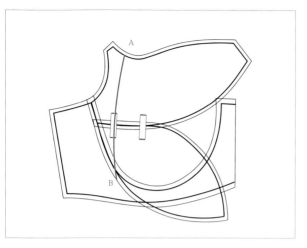

步骤3

从上罩杯上边缘的肩带位置点A向下画曲线，直至下罩杯和土台相交的点B。

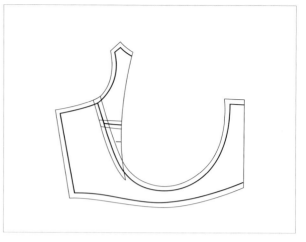

步骤4

必须沿线剪开下罩杯，移开接缝线，以使部分罩杯沿分割线与土台结合。此处需要在罩杯内形成一个小的省道或是褶。罩杯必须能放平。

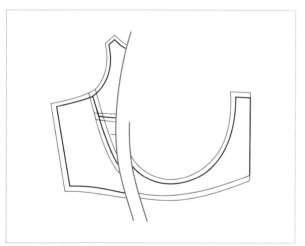

步骤5

将罩杯沿线从土台上剪开，将土台样片分离。

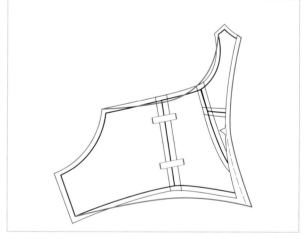

步骤6

将土台后片和土台前片在侧缝处拼结并黏合。

将土台下边缘线向外拉直一些，这样能给予更多的支撑，圆顺所有曲线，添加缝份。

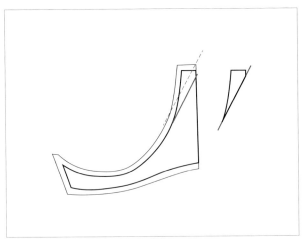 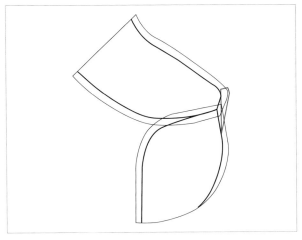

步骤7

在前中心线处拉直鸡心底边。从土台样片胸高点底部往前中心线方向向上画直线。重新修顺土台样片，加上缝份。

步骤8

将上罩杯与下罩杯的样片对齐，重叠缝份并从上边缘开始连接在一起。添加从鸡心剪下来的那一小块样片。

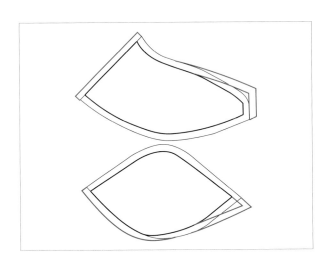

步骤9

重画上下罩杯的前领口线，添加缝份。

强力带和支撑圈

强力带（也被称为"吊带"或"框架"），通常作为罩杯的一个单独片，直接连在肩带下方。通常由无弹力的不同面料制成，拉伸方向与肩带延伸方向垂直，尽可能防止肩带拉长。它作为内杯的一部分可以是隐形的，或是作为接缝的一部分在外面露出来。强力带对上提乳房起着重要作用。

7.3 内部有强力带的文胸，从外面可以看出其轮廓

在罩杯里加强力带

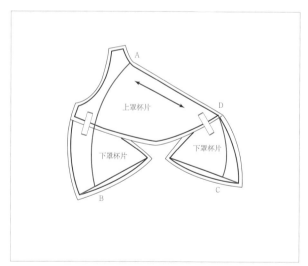

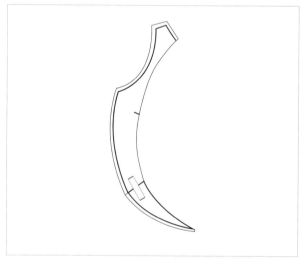

步骤1

拓印三片式罩杯纸样，下罩杯分成两部分（见194页）。将下罩杯片和上罩杯片在前中和袖窿边缘分别对齐并黏合拼接在一起。

重画下罩杯的直缝线给予额外的提拉力。取强力带宽度从点A到点B，以及点C到点D画弧线。

步骤2

沿曲线剪开成两个新样片。绘制上下罩杯的新形状。

所有样片边缘加缝份，上下罩杯片在袖窿边缘相交处，对应强力带样片位置作对位点。

在罩杯上加强力带

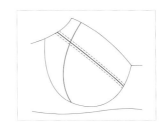

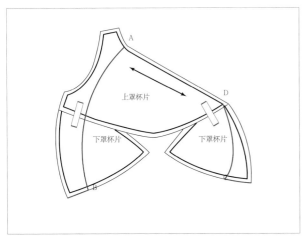

步骤1

拓印三片式罩杯纸样，下罩杯分成两部分（见194页）。将下罩杯片和上罩杯片在前中和袖窿边缘分别对齐并黏合拼接在一起。

重画下罩杯的直缝线给予额外的提拉力。取强力带宽度从点A到点B以及点C到点D画弧线。

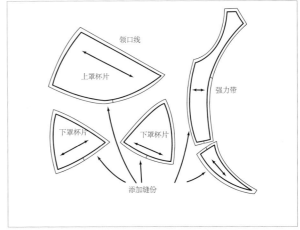

步骤2

将强力带纸样拓在纸上，连接下胸围线成为整体。上下罩杯片在袖笼边缘相交处作对位点记号。

只在外侧边缘加缝份。内边缘不作处理或仅包边。

哪种类型的强力带？

20世纪60年代经典的提拉文胸将强力带作为一个独立样片，有支撑圈环绕在罩杯周围。它们常用与罩杯面料撞色的面料制成，增加有趣的细节。今天，它们大多隐藏在罩杯里。一个内置的强力带可以将乳房聚拢，也可以提升。这种类型往往在蕾丝罩杯上使用，为了替精美的面料减少一些肩带拉力。

支撑圈

支撑圈是罩杯里的一圈环形面料用于支撑沉重的乳房，用少弹或无弹面料制成。支撑圈可作为外罩杯的一部分，由弹力网布或其他撞色面料制成。支撑圈也可以单独作为情趣文胸穿着。

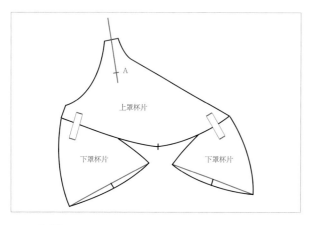

步骤1

拓印一个上罩杯和两个下罩杯的样片（见194页）。从前中心边缘处开始对齐前下罩杯片和上罩杯片并胶带黏合在一起。

在袖窿边缘对齐下罩杯片并用胶带固定。只需要黏合罩杯部分保证造型，这样才能保持放平。

通过肩带中心画一条线。从该点量取需要的支撑圈长度，标记为点A。在下罩杯上重新画直缝线。

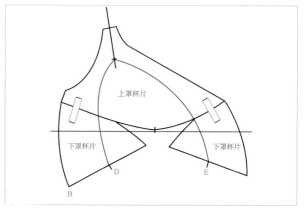

步骤2

从点B向上量取后下罩杯缝线处的支撑圈高，标记为点D。同理，从点C向上量取前下罩杯处的高，标记为点E。

从点A到点D画曲线。再从点A沿着前罩杯画曲线至点E。

通过胸高点画一条水平线，上罩杯胸高点处作标记，水平线为布纹线。

拓印两个支撑圈样片，从点A所在直线将其分开。

在两个样片外边缘加缝份，在肩带和下罩杯缝份上分别加对位点，标记布纹线。

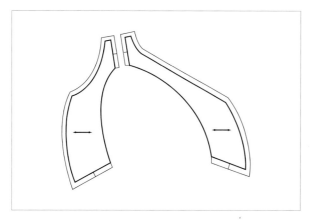

鸡心设计

鸡心区域是文胸中承受最大拉力的区域，因为它要承托乳房重量。当设计较低鸡心时，这是必须谨记的一个重要因素，前中开口就必须将开口位置放在最大受力点上。如果开口太高乳房将摆动到两侧，如果开口太低乳房会从罩杯中掉出来。

7.4 高鸡心全罩杯内衣

鸡心分类

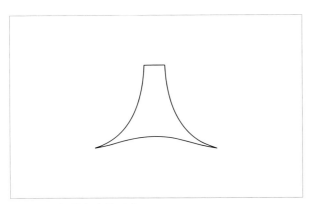

用于部分土台的鸡心

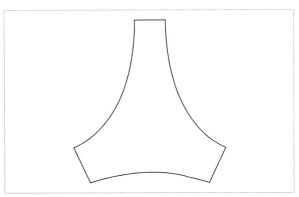

与罩杯缝份匹配的鸡心

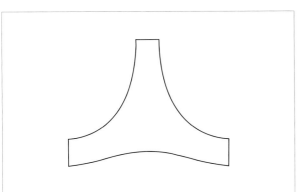

低于胸高点的鸡心

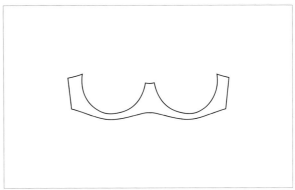

框住罩杯前片至侧缝的鸡心

改变鸡心

通过降低鸡心上，增添一部分土台来改变鸡心，仍然可以设计一个全罩杯。钢圈和罩杯将在鸡心上面延伸，不改变领口线。

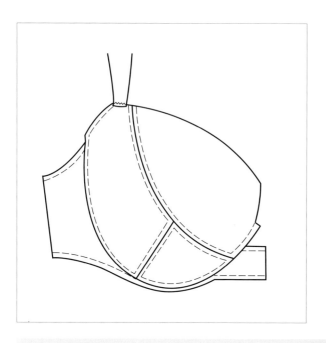

鸡心款式

鸡心可以是交错的丝带、一段绳带或是连续钢圈的一部分。随着罩杯尺寸的增加，鸡心的宽度减小，长度增加。在文胸试穿中，鸡心部位没有空隙地位于胸廓上是很重要的。如果鸡心上提，那么它就会落在乳房上，文胸就不合身，可能是罩杯尺寸太小。运动式和头带式文胸可以通过鸡心处加张力拉紧来在圆机上织造出来。

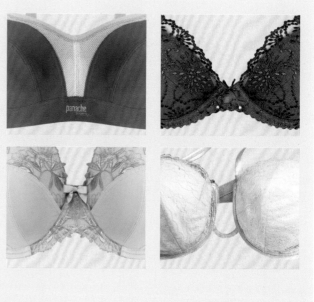

土台设计

一个全土台文胸可以从鸡心到后中都充满设计细节。可以将土台在腋下侧、胸高点下分开，或与罩杯缝份线吻合。土台可以覆盖上半身，在腰部结束，就像紧身胸衣既可以是内衣也可以当作外衣。部分土台可以从罩杯侧开始，延伸到后背。土台可以用弹力网布或使用与罩杯相配的面料制作，或混合使用两者。

7.5　一个长且华丽的土台，2013年维密秀

根据钢圈制作全土台

如果使用弹力网布或其他弹性面料，则需要从纸样上减去面料拉伸量。请参阅第17页的拉伸减小量表。

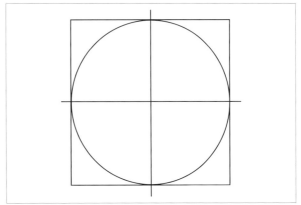

步骤1

测量钢圈直径，并用这个宽度和高度画一个正方形。

沿长、宽方向画对半分割线，形成一个十字。

在正方形内画一个圆圈，接触正方形四边中点。

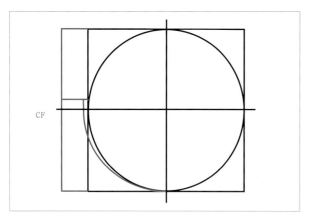

步骤2

在圆上确定一边为文胸前面，另一边为后面。将正方形的上、中、下线向方框外延伸2cm。

画一条文胸前面垂直线的平行线，并将其标记为前中心线。

从水平线开始，沿圆侧面垂直向上量取1.3cm，平行于新前中线，从该点再向外量取3mm，并作标记。从该点画曲线，最后圆顺连接至圆的下半部分。

从上一步曲线上端开始向前中心线画线。这是鸡心顶部线。

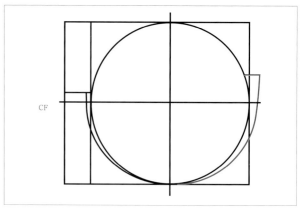

步骤3

从圆另外一侧的水平线起，向上量取2cm，向外量取6mm，作标记。

从该点画曲线，最后圆顺连接至圆的下半部分。从标记点向圆画一条水平线。

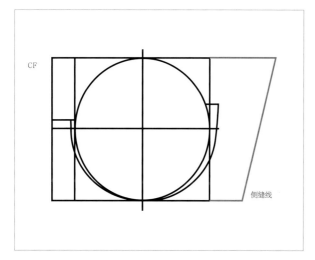

步骤4

获得胸围和下胸围测量值的四分之一，并从四分之一胸围中减去钢圈直径。

使用这个新的测量值，在罩杯侧边从正方形的顶部向外延伸画线，从四分之一下胸围中减去钢圈直径。

使用这个新的测量值，在罩杯侧边从正方形的底部向外延伸画线。画线连接这两条线的端点，标记为侧缝线。

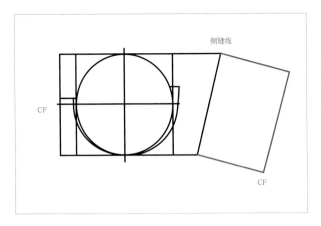

步骤5

在侧缝线顶部沿90°方向画一条长度为1/4胸围直线。画该线的平行线，取长度为1/4下胸围，新线也与侧缝线呈直角。连接这线段的两个端点，并标记为后中心线。

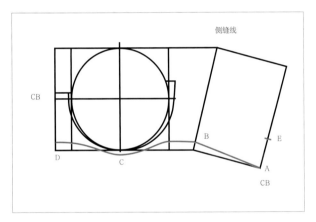

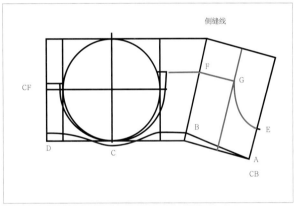

步骤6

造型下底边。决定后开口钩和钩眼的排数，从点A向上量取钩和钩眼织带的长度，标记为点E。

从侧缝底部向上量取3mm至2cm，该量由款式设计决定，标记为点B。

从圆的中心向下量取1cm，可以根据款式设计变化，并标记为点C。

最后从前中线向上量取6mm到2cm，标记为点D。用曲线尺画线连接点A、B、C、D，其中AB段为直线，曲线连接至点C再回到点D。

步骤7

造型顶边。在侧缝上从点B向上量取至和罩杯顶部同一水平位置处并作标记为点F。

从该点向罩杯侧边画侧缝线的垂线。将侧缝线和后中心线之间的部分等分，并在中间画线。

在这条线上标记与点F同高的点为点G。从点F到点G画线。然后从点G向后中心线上的点E画曲线，形成后肩带弧线。

后土台向下弯曲，使其在纸样上比罩杯底部低，从而获得最大支撑。如果保持与罩杯底部同一平面，支撑将会减少。一个不弯曲的土台将无法支撑，很可能会向上跑位。

部分土台文胸

部分土台开始于文胸罩杯的侧边，在罩杯下没有土台。这类土台可以用于罩杯低至半杯时，这时后片土台也需要降低变窄。这种文胸的支撑依靠钢圈。后中片的长度仍然取决于钩和钩眼的数量。按照全罩杯土台绘制步骤1~5。最后垂直平分侧缝线和后中心线之间的部分，接着按照以下步骤操作。

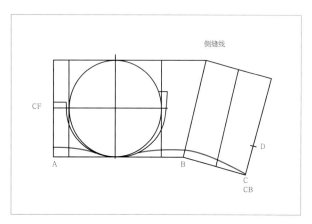

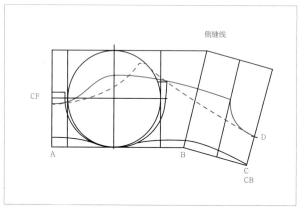

步骤1

造型土台下底边，从罩杯移除土台部分。从点A开始，从前中心线向上量取1.3~2cm（由设计确定），沿鸡心的底部边缘画线，向下弯曲至前罩杯片底边。

从侧缝向上量取3mm和2cm之间的距离，标记为点B。从罩杯侧边下底部向土台底部画弧线，在点B向上弯曲，点C向下弯曲。

在后中心线向上量取钩和钩眼的长度，标记为点D。

步骤2

土台顶部边缘的形状会随着罩杯领口线设计而变化，先画罩杯领口线并将该线连到前中心线处。

鸡心也可以低于罩杯领口线——根据需要选择。绘制部分土台后片，同样可以根据设计选择。

这里图示的是两种不同的款式设计线，一种是有肩带延伸的部分土台，另一种是有后背肩带的土台设计曲线。

加长款文胸

加长款文胸的另一个名字是紧身胸衣。在20世纪70年代好莱坞的Frederick做了一系列不同的紧身胸衣，使内衣外穿第一次成为时尚。文胸土台被加长，并可以一直长及腰部，它将支持分散至整个躯干下部。可以在土台的前后片、侧缝线上加入鱼骨，起到平顺腹部的作用。该文胸是由加长的土台提供支撑，所以经常采用无肩带款式。

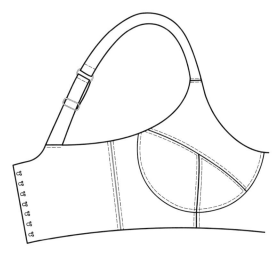

7.6 加长文胸

无肩带文胸的土台

参照根据钢圈制作土台或制作部分土台的方法。下列展示了如何延伸土台到腰围线并覆盖上半身的步骤。

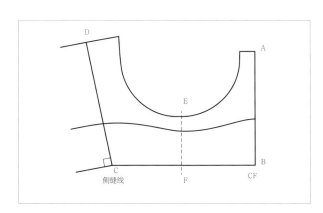

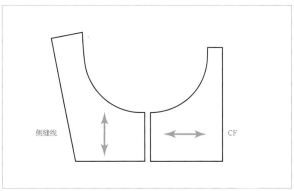

步骤1

从鸡心的顶部、前中心线点A处向腰部画直线至点B，并将其标记为前中心线。

从腰部的点B向内画垂直线，取长度为1/4腰围，标记为点C。

从点C向上画一条线到侧缝顶端，标记为点D。从下罩杯端点E向腰围线画线，标记为点F。

步骤2

把前片分为两个样片或者仍然维持原来的一片。通过分割土台前片可以改变面料的最大拉伸方向。

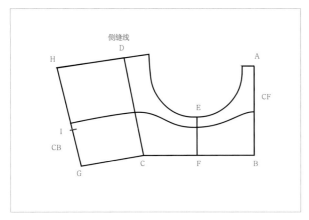

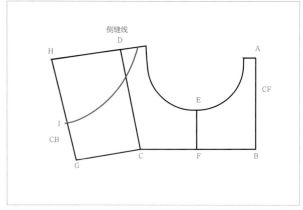

步骤3

从后背C点垂直向外量取1/4腰围。如果使用弹力面料，需要从腰围中减去拉伸量，同时减去2.2cm钩和钩眼的量，标记为点G。

画直线至后中心线顶部，标记为点H。确定钩和钩眼数量，从点G向上量取该量，标记为点I。

步骤4

露背款式需要降低后背深至后中的钩和钩眼位置，即标记点I处。

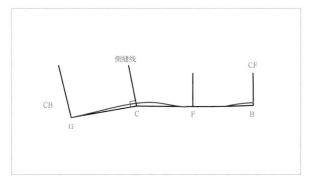

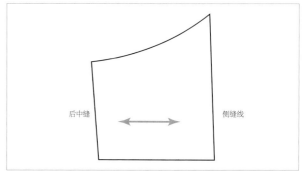

步骤5

圆顺腰围线，使其更好地贴合人体。

步骤6

沿侧缝剪下前后片，在后片上标记最大拉伸方向。

肩带

肩带可以是上罩杯片的延伸，也可以缝合或通过滑扣或环与罩杯连接。如果肩带是罩杯的延伸，在纸样中体现。肩带也可以造型并在肩点加衬垫。这将防止肩带在肩膀上压出印痕，有助于缓解背部和肩部的疼痛，这些问题往往与乳房较重相关。

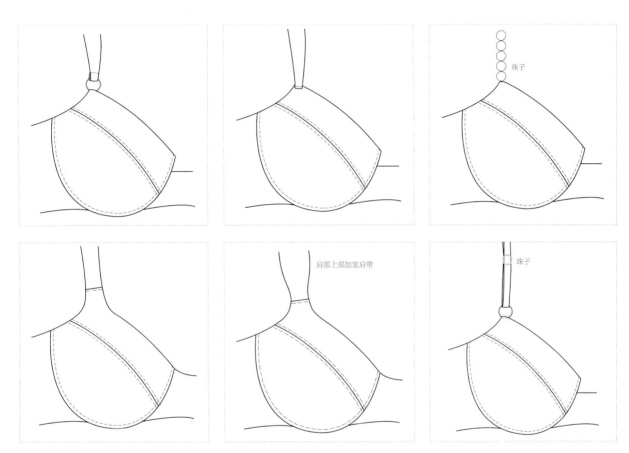

肩带可用与文胸相同的面料制成（外观统一）或混合使用弹性面料和带子。调节装置可以在肩带的前面或后面。肩带也可以是可脱卸或可替换的，或细肩带，甚至是珠链，所有这些都可以通过使用环状面料、布带或丝带、G型圈与罩杯连接。

弹力后肩带可与土台顶端连为一体，在钩和钩眼闭合处结束，或者缝在土台顶端，或通过一个环和弹性延伸带连接至土台后片上。

领口线的变化

领口线提高，尤其对大尺寸胸型，可以形成全罩杯文胸；领口线下降，则形成半罩杯或平口挺胸型文胸。当降低领口线时，前肩带位置将变得更宽。领口可以装饰花边、刺绣、串珠，也可用织带或者滚边处理。

7.7 不同款式领口线

根据常规罩杯绘制半罩杯

领口线下降到距胸高点2.5cm处。钢圈缩短，罩杯倾斜并推向中心。鸡心上边缘也会下降成为一个连续领口。下图中红线展示了一条从前中心线向上至肩带延伸部分的连续曲线。虚线展示了一种稍有领口造型、无肩带延伸部分和鸡心降低的领口线。

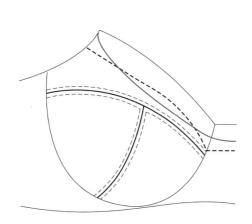

7.8 半杯

人造半杯

今天的人造半杯是由硅胶模压成型的。它由连续钢圈穿过两个模压罩杯固定在一起，连续钢圈在文胸前面形成鸡心部分。由于罩杯是和肩带延伸部分一起模压成型，肩带就带前滑块。钢圈槽可与罩杯右侧相连，它也是连续的，且可以采用撞色或对比面料制成。

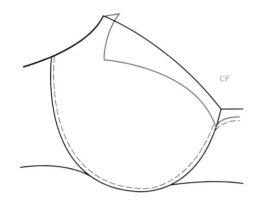

CF

7.9 人造半杯

全罩杯

这种杯型适合大胸女士，也称为全支撑文胸。它提高了鸡心顶端位置，在前部调整了上罩杯，以便领口线在肩带处结束。

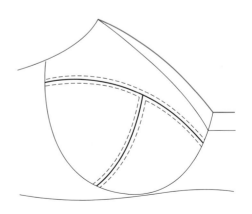

7.10 全罩杯

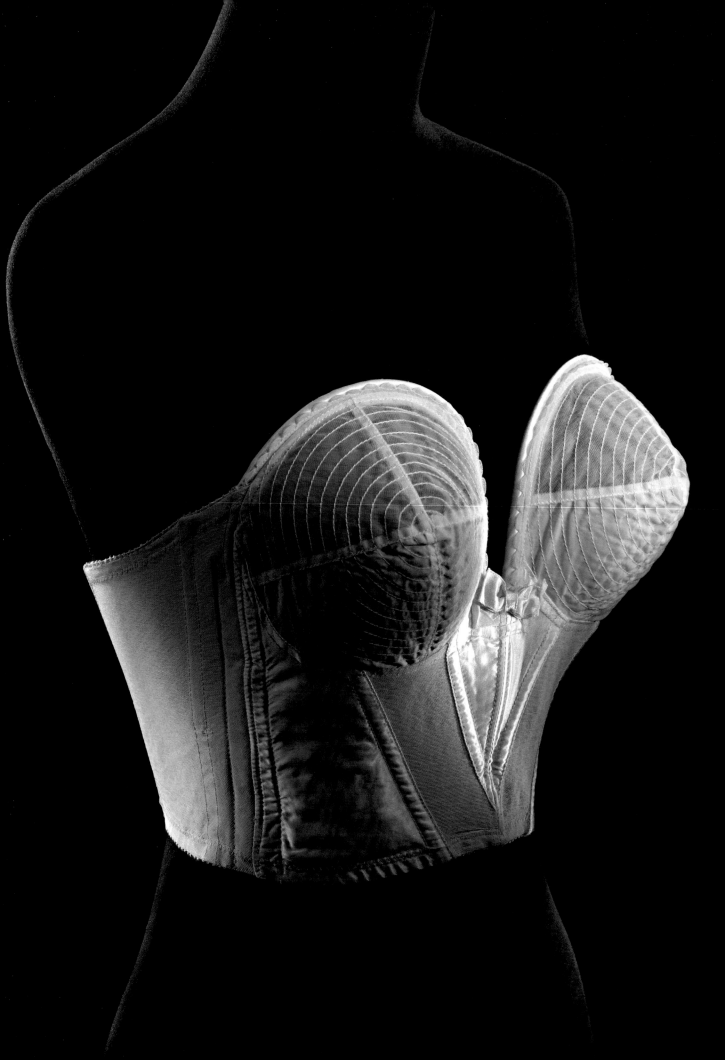

8 文胸缝制工艺

　　要制作一只文胸，首先要做好罩杯然后将组成土台的所有样片都连在一起。接着将罩杯装到土台上，肩带连接至上罩杯的顶部。再将弹性带连接到土台底部，接着连接腋下弹性带以及领口滚边，最后完成开口。所有缝份为6mm，整个文胸构成采用2.5mm针距直线线迹，采用2.5mm宽、2mm针距的锯齿型线迹连接弹性带。用4.5mm宽，1.5～2mm针距的三步锯齿型线迹组将弹性带缝在土台上。工厂里技师制作一件文胸仅仅花费12.5min。

文胸制作材料

罩杯、鸡心和土台的面料　　　　起绒弹性下包边带和珠边弹性带

罩杯里衬（可选）　　　　　　　弹性肩带

缝纫线　　　　　　　　　　　　钢圈套和钢圈

花边和饰边　　　　　　　　　　配件、调节扣、环

缝线覆盖带（可选）　　　　　　钩、钩眼

填充垫（可选）　　　　　　　　装饰边（可选）

黏合衬（可选）

左页图　来自法国的紧身胸衣，1950年，特点是低鸡心和螺旋缝罩杯

文胸罩杯构成

文胸可以由薄纱、满幅蕾丝、经编面料或其他时尚面料制成。下罩杯可以稍加衬垫，缝上捆碗既增加强力，又可添加额外的装饰细节，而上罩杯可以使用满幅蕾丝、刺绣薄纱，或与下罩杯面料相同。罩杯可由两个或两个以上的样片构成，整个罩杯可分为四个样片从而形成一个锥形，例如下罩杯可分为两个或三个样片，上罩杯是一个样片。

两片罩杯

这是最简单的罩杯结构，整个罩杯只有一条中央分割缝，可成垂直、水平或与胸围线成一定夹角。

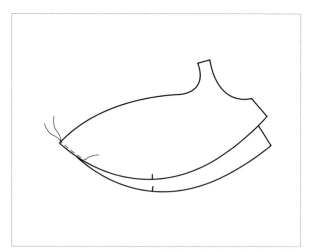

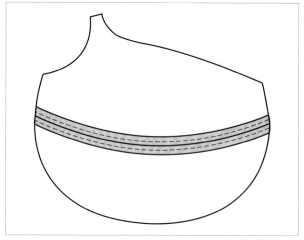

步骤1

使用2~2.5mm针距的直线缝连接上、下罩杯。

步骤2

劈缝压烫，用缝份覆盖带包上。在缝份两侧缉明线，保证线迹紧靠接缝。剪断覆盖带，使其与缝份相匹配。

缝份覆盖带

缝份覆盖带是一种斜裁的条带，通常由轻质的尼龙制成。窄缎、欧根纱、长毛绒或者天鹅绒织带也可以作为缝份覆盖带。它与鱼骨套不同，鱼骨套更厚重且强力更大。缝份覆盖带可以用来覆盖任何分割线处缝份，例如罩杯内，来获得光洁的外观效果。使用蕾丝或者其他轻薄面料时，可以用轻质尼龙或者柔软的薄纱丝带在背面隐藏缝份，这样在服装的正面就看不到缝份。

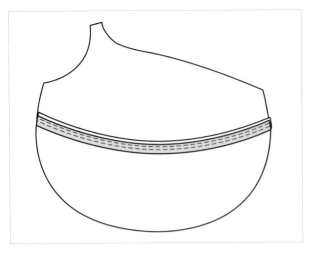

步骤3

也可以向上熨缝份并用缝份覆盖带包住，沿着缝份
缉两行明线。

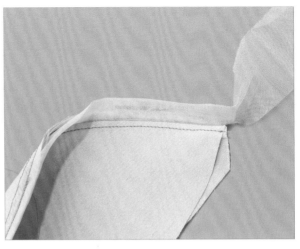

步骤4

如果做一个精致的薄纱或蕾丝罩杯，可以用一块斜
裁的面料或弹性针织面料包裹住缝份，缉明线固定。

如果罩杯全部用薄纱或蕾丝面料，把缝份一起熨烫
并倒向上罩杯；如果上罩杯是薄纱或蕾丝，把缝份倒向
下罩杯。

将包边带沿着背面或缝份下边放置并固定缝纫，注
意在缝纫时不要拉长包边带。

步骤5

将包边带折回并包住缝份，沿着已有缝线缝纫，把
包边带固定到缝份背面。

把罩杯翻到正面，靠近缝线缉一条或者两条明线。

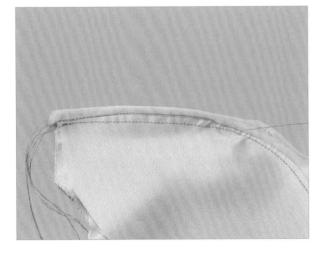

在下罩杯加省道

可以通过在下罩杯添加省道来塑型。省道可以放在下罩杯罩杯中央的任意一侧，省尖远离胸围线或胸高点。以这种方式加入两个省道比加入一个中间省道支撑更多。

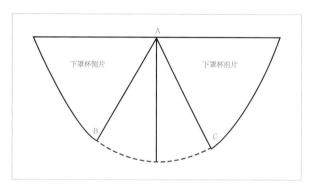

步骤1

画一条水平线，并将线上的中点标记为点A。将下罩杯侧片和下罩杯前片的上边缘沿线放在一起，两片在点A连接。

在下罩杯侧片的中心底部标记为点B，下罩杯前片的中心底部标记为点C，从点B到点C画一条光滑的曲线。在点A画一条90°的垂直线与这一曲线相交。

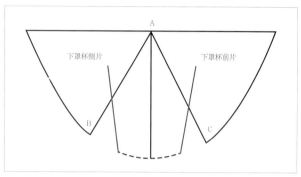

步骤2

分别测量点B和点C到中心线的长度；这两个测量值给出前省量和腋下省量。

从点C向点B量取约2.5cm，该点为前省道的位置。从该点上画一条线，指向领口线前边缘，在距离顶部边缘约2.5cm处结束。从点B重复上述步骤获得腋下省位置线，省道中间线指向腋下或肩带点。

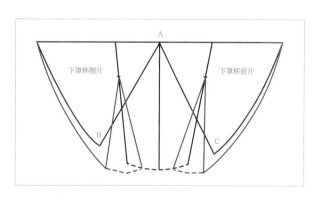

步骤3

根据测量值（参见步骤2）将前省道分成两份。在前省道位置线两边量取该距离。

从新的省边点开始，向省道位置线的顶端画省边线。腋下省同理。

从下罩杯前省的前侧省边到外侧省边画一条新的曲线。腋下省同理。

折叠省道，重画罩杯底边线使其成为圆顺曲线，打开省道，获得新的纸样。

步骤4

在面料上制作省道，固定缝合省道的顶部和底部；熨平省道使其倒向中心。

在省道正面缉明线或装饰贴花蕾丝。

三片式罩杯

这种罩杯有一片上罩杯、两片下罩杯。当上罩杯用相同或对比面料、蕾丝或薄纱制成时，下罩杯可以加衬垫、绗缝或多线缝。

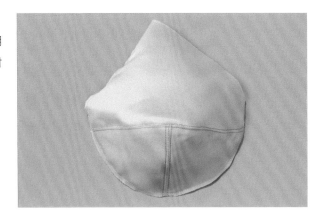

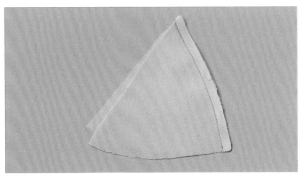

步骤1

如果下罩杯分为一个以上的样片，在与上罩杯连接之前，先将它们连接到一起。用2~2.5mm针距直线缝。

步骤2

劈缝，用缝份覆盖带盖住，在缝份上辑明线，缝线靠近拼缝线。如果下罩杯不需要加衬垫，直接看步骤4。

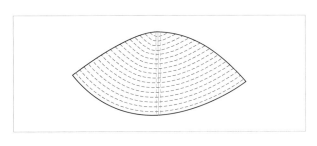

步骤3

下罩杯可以加垫并绗缝来增加支撑或作为装饰。同样，这一步必须在拼接上罩杯之前完成。减去缝份后裁剪衬垫，这样不会在缝线上产生鼓边。

沿着杯底的形状，采用2.5~3mm针距平行缝纫，线与线间距约6mm。

步骤4

把下罩杯和上罩杯拼接在一起（见第224页两片罩杯步骤2）。劈缝压烫，沿拼缝两边缉明线，使线迹尽量靠近拼缝。

可以在衬垫上添加里衬，使文胸接触皮肤穿着时更舒适。裁剪里衬使其符合下罩杯里侧的大小，熨烫里衬上部的缝份，在下罩杯的上端靠近拼缝线进行边缝。

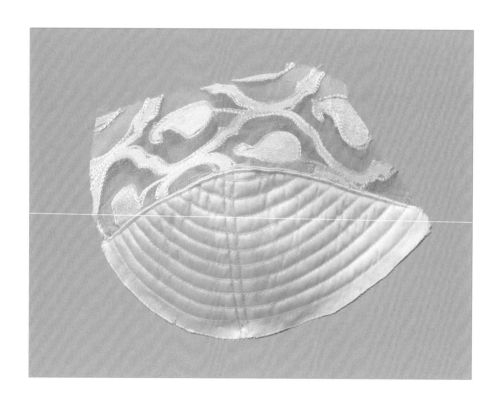

软罩杯

所有的软文胸的支撑都来自土台。为了形成这个支撑，土台要完全包围罩杯，就像运动文胸，或将腋下部分延伸到肩带。可以考虑使用对比面料，如蕾丝或网眼来制作土台延伸部分。

步骤1

把上下罩杯缝在一起。用缝份覆盖带盖住缝份，沿着缝份两侧缉明线。

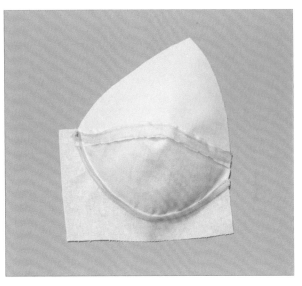

步骤2

把土台前片与罩杯相连。压烫缝份倒向土台，用缝份覆盖带盖住，先绗缝或者暗缝，然后在靠近拼缝线处缉两行明线。

步骤3

缝合土台的前中线缝，劈缝，用缝份覆盖带盖住缝份；在缝份上沿拼缝两边靠近缝线缉明线。

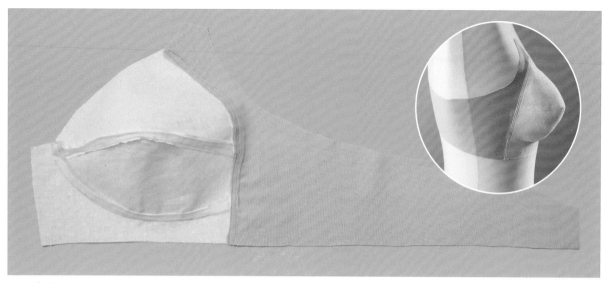

步骤4

将土台延伸部分与罩杯腋下部分缝合,匹配对位点。将缝份倒向罩杯。

用拼缝条盖住缝份;靠近拼缝线处在缝份上缉两行明线。

步骤5

用弹性带缝合领口线。将弹性带放在罩杯正面,反面朝上,弹性带平边沿领口线摆放。用宽2~5mm、长2mm的锯齿线迹靠近花边进行缝纫。

将边缘折向领口线反面,这样正面就只能看见花边,用宽2~5mm、长2mm的锯齿线迹或三步锯齿线迹缝合固定。

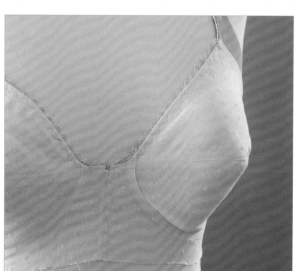

三角杯

三角杯的底部通常连接较窄的土台，通过该土台再缝上一块弹性面料。罩杯的两侧通常用弹性花边固定。

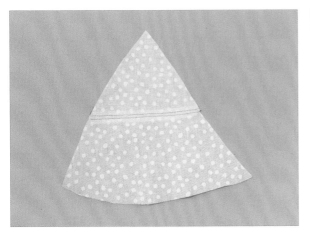

步骤1

如果罩杯为两片式结构，先将两片缝在一起。用缝份覆盖带盖住缝份，沿缝线两侧，在缝份里缉明线。

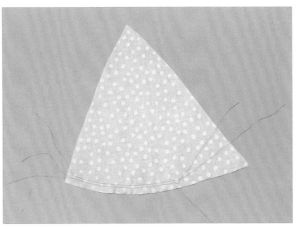

步骤2

调整针距为4mm，沿着罩杯底部在两抽褶对位点之间缉两排明线。

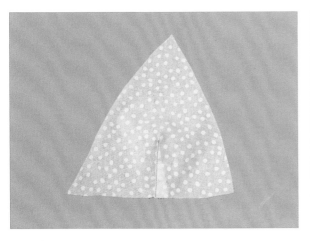

步骤3

如果罩杯上有省道，把省道缝在一起，压烫省道倒向领口线侧，靠近缝线采用2.5~3mm针距缉明线。

步骤4

将弹性饰边反面朝上放在面料正面，弹性饰边平边沿领口线摆放。用宽2~5mm、长2mm锯齿线迹在靠近花边进行缝纫。

将边缘折向领口线反面，这样正面就只能看见花边，用宽2~5mm、长2mm的锯齿线迹或三步锯齿线迹缝合固定。罩杯的腋下侧同理操作。

向上拉抽褶缝线，这样就仅仅去掉加入的松量成为抽褶。

步骤5

构造土台，剪下一块宽度为两倍松紧带宽加上缝份，长度为下胸围加10%的面料。例如，如果下胸围是88cm+88×10%=97cm，剪一条长度为下胸围的松紧带。

找到并标记面料土台的中心。罩杯将缝在标记的两边。

沿着边缘将缝份向内缝6mm。沿着另一边，将罩杯的反面与土台正面相对放置。压烫缝份倒向土台。

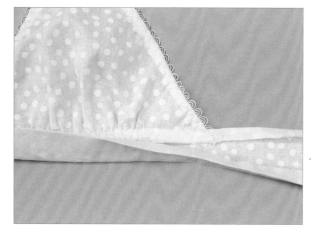

步骤6

对折土台并翻到正面，遮住罩杯和土台的缝线，烫平。

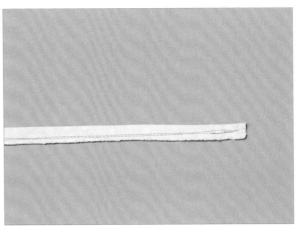

步骤7

　　沿着土台顶部，用2.5mm针距缉明线，接着再沿着折叠底缉明线，缝线要紧靠边缘。

　　将一个大的安全别针或翻带器连接到松紧带一侧，将松紧带穿进土台中。

　　缝合土台两边确保松紧带固定。两侧土台可以用钩和钩眼连接（见第253页）。

步骤8

　　为了制作斜丝圆肩带，剪两条斜向面料，取2.5cm宽。长度由设计决定，但要加长2.5cm。将面料正面相对对折。

　　向下缝肩带时注意不要拉伸面料，从折边而不是已经处理好的宽边开始继续缝纫，然后缝先前的2.5cm，使缝线靠近折边和肩带宽。肩带宽度将根据选择的面料改变。

　　一般，先做一个样品并确保可以把肩带翻到正面。沿着肩带在靠近第一排缝线再缝一次加固一下。

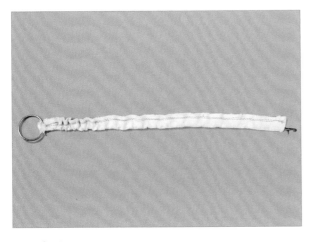

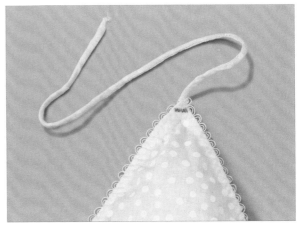

步骤9

　　通过把翻带器从窄边推进布套里面，从较宽一侧拉出来，将肩带翻到正面。将翻带器钩在面料一侧末端，慢慢地向里推，将肩带末端穿过布套就可以使正面朝上。

步骤10

　　把肩带前2.5cm放在罩杯顶端下方，用直线缝或者锯齿缝固定缝合。在罩杯反面修剪多余的肩带。罩杯前面的线迹可以用蝴蝶结遮住。

在上罩杯添加花边或装饰

在上罩杯领口边加入蕾丝贴花是改变文胸外观的一个简单的方法。通过确保两个罩杯上图案开始和结束的位置相同来保证花边位置是平衡的。如果使用满幅蕾丝覆盖上罩杯，在与下罩杯拼合前附上它。

绣花和钉珠也可在这一阶段添加到上罩杯，特别是希望通过制作双层上罩杯加一个贴边。

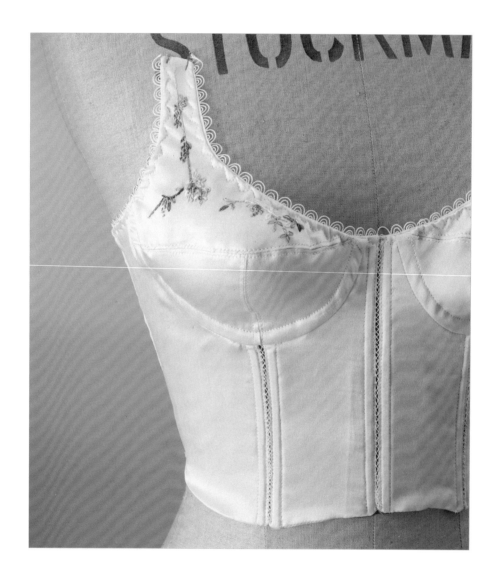

锥形罩杯或子弹罩杯

子弹罩杯没有填充，而采用纫缝或螺旋缝，这样有助于保持罩杯的夸张形状。

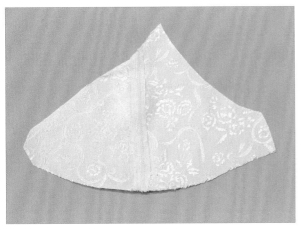

步骤1

用2.5mm针距的直线缝缝合两片上罩杯，劈缝。用缝份覆盖带盖住缝份，在拼缝两侧缝份上缉明线。

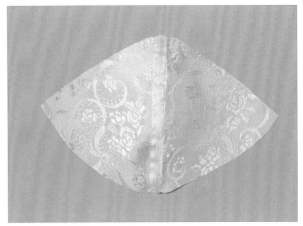

步骤2

缝合两个下罩杯，劈缝。用缝份覆盖带盖住缝份，同理在拼缝两侧缝份上缉明线。

步骤3

把上下罩杯像之前一样缉明线拼合到一起。

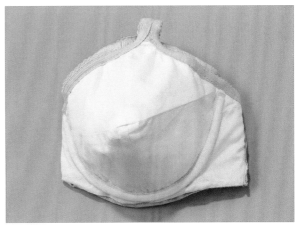

步骤4

如果要添加衬里，根据以上步骤用衬里面料制作一个罩杯（但不采用明线），放在完成的罩杯里面。外边缘假缝固定衬里。

为了罩杯硬挺，像原始的子弹胸罩那样，沿着面料布纹线方向裁剪衬里，与外层罩杯面料的布纹线方向相反。

锥形胸罩的缝合样式

用螺旋线缝纫罩杯，在拼接上所有样片且缉好所有明线之后，沿着缝份打开，把衬里假缝到面料罩杯上。从胸围线/胸高点开始使用2mm针距螺旋缝直到罩杯边缘。一个罩杯向左螺旋缝，另一个罩杯向右螺旋缝。

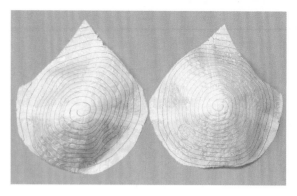

上下罩杯用撞色线螺纹缝纫，在将两片上罩杯和两片下罩杯拼合之前，分别缝纫。从胸围线开始缝，从上罩杯或者下罩杯的一边向另一边使用2~2.5mm针距缝半圈。按照第一圈形状，间隔6mm，继续缝同心圆。最后把上下两个罩杯拼在一起（见第235页步骤3）。

或者，在把上下罩杯拼合在一起之前，可以在胸围线向外2.5~3.8cm处创建一个辐射状的样板。在辐射状缝线的末端，围绕罩杯用2.5mm针距、间隔6mm的同心圆缝纫。可以根据需要缝制多条辐射圈，最后把上下罩杯缝在一起。

带鱼骨的无肩带文胸

无肩带文胸的罩杯可加垫或加鱼骨来塑型。给大罩杯加鱼骨有助于支撑和保持乳房形状。为罩杯加上带鱼骨的加长土台也能为无肩带文胸提供更好的支撑。

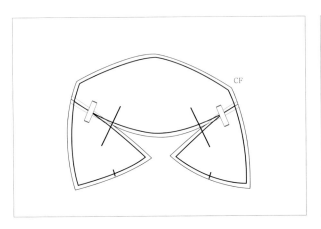

步骤1

用三片罩杯纸样，下罩杯腋下片对齐上罩杯的外侧边并用胶带固定住，从外边缘开始并重叠缝份。另一侧同理操作，固定下罩杯前片至上罩杯的前边缘。

通过分别对折两个下罩杯片，把两个下罩杯在上边缘等分，在上、下罩杯上都标记出该点。

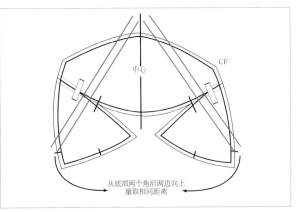

步骤2

把上罩杯对折，沿对折线画线，标记为中心线。在这条线的两侧，从罩杯顶部量取鱼骨结束位置，并在顶边作标记。此处有没有确定的测量值，但如果鱼骨结束位置在罩杯两侧的中间，看起来会更平衡。

从两个下罩杯底边，从罩杯中心底部向上量取并标记。从下罩杯标记点向上罩杯顶边标记点画鱼骨线。再画与之平行的第二条线，它们构成鱼骨位置线。

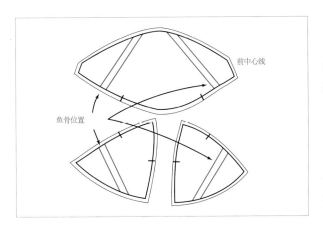

步骤3

把两个下罩杯缝在一起，然后和上罩杯缝合，所有接缝缉明线。在罩杯内侧的两条位置线上将鱼骨套缝合到罩杯上。

步骤4

通过测量减少缝份后的鱼骨套长度加6mm作为鱼骨长度。不过仅在罩杯与土台连接后，钢圈套也缝好后，在领口线处理之前，穿入鱼骨。

单片或两片加垫下罩杯

文胸垫通常以片状形式，由特制的罩杯海绵制成。可以只用于下罩杯片或整个罩杯。必须在泡沫海绵背后添加衬里，可以提供保护并保证穿着舒适。

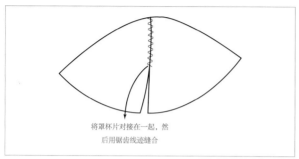

将罩杯片对接在一起，然后用锯齿线迹缝合

步骤1

除去缝份，剪下海绵罩杯纸样。把罩杯样片对接在一起，用4mm宽的锯齿线迹缝在一起，注意不要撕破海绵。

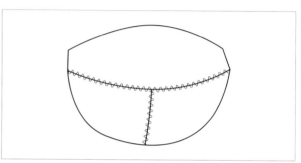

步骤2

罩杯可以通过绗缝或沟缝与海绵缝在一起。可以考虑使用金属色或撞色线。

哺乳罩杯

哺乳罩杯有一片下罩杯作为支撑结构来承托乳房并露出乳头给婴儿哺乳。外层罩杯可以拉起盖住下罩杯，在肩带处连接。多使用两片式罩杯结构来制作这类哺乳文胸。

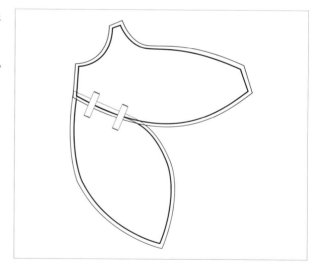

步骤1

首先制作下罩杯。从腋下边开始对齐上罩杯和下罩杯的样片，直至胸围线方向，并用胶带贴在一起。

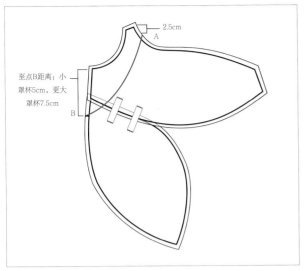

步骤2

从领口肩带处朝前中心线方向，向下量取2.5cm，标记为点A。在腋下位置向下量取定值，如果是小罩杯该值取5cm，大罩杯取7.5cm并标记为点B。

画一条曲线连接两个标记点。在下罩杯点B处作对位记号。

步骤3

拓印这个新样片。

步骤4

移除之前贴在罩杯腋下侧的胶带，将罩杯在前中心线拼合，并用胶带固定。

从腋下另一侧向下量取2.5cm并标记为点C。在前中弧线上向下量取5~7.5cm，该值由罩杯尺寸决定，并标记为点D。画曲线连接点C和点D，曲线形状由最初的设计决定。在点D处作对位记号。

沿该曲线拓印该样片，并与步骤3中的样片连在一起，就获得了下层罩杯。

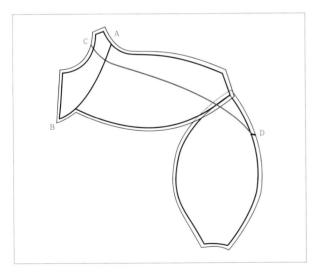

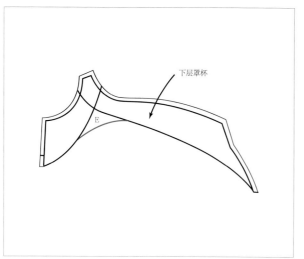

步骤5

圆顺下层罩杯点E处的曲线。

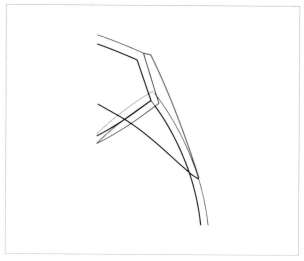

步骤6

在前中心线处向外画线，圆顺该边。

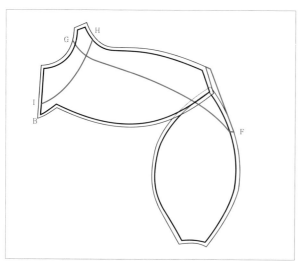

步骤7

为了调整外层罩杯的纸样，将上下罩杯的样片在前中心线拼合。从肩带内侧边朝前中心线方向向下量取1.3cm，并标记为点H。

在腋下部位向下量取2.5cm标记为点I。画弧线连接点H和点I。

在肩带的外侧边向下量取1.3cm并标记为点G。在前中线处向下量取2.5cm，标记为点F。根据领口形状，在下方画曲线连接点G和点F。沿曲线HI、GF裁剪样片。

在前中心线处罩杯拼接部分，画线修顺该边。

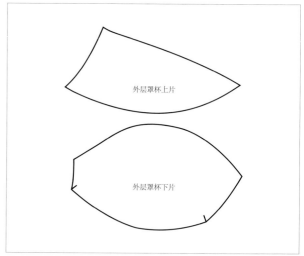

步骤8

把外层罩杯分开，分别标记为外层上罩杯和外层下罩杯。外层下罩杯有两个对位点（在步骤2和4标记为点B和点D的位置）。

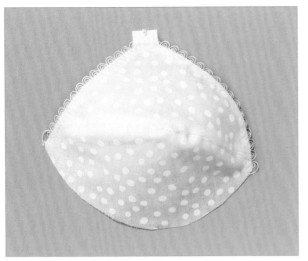

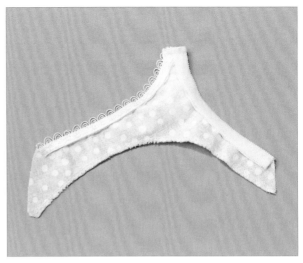

步骤9

将外层上下罩杯缝合，并在缝线处缉明线。

用弹性饰边缝合领口线和腋下线部分。

在上罩杯钩扣位置缝上单钩扣，钩眼缝在肩带位置上。注意钩扣朝上朝外。确保缝纫牢固并打套结。

步骤10

用弹性饰边缝制下层罩杯的领口线。曲线边可以采用锁边或者包边处理。

用弹性带缝制腋下边。将面料正面朝上，把弹性带放在腋下边，有小凸点的一边朝上，平的一边沿裁边放置，用2.5mm宽、2mm长的锯齿线迹缝合。将松紧带翻到反面，这样可以在折线下看到凸点花边。用4.5mm宽、1~1.5mm长的三步锯齿缝固定缝纫，注意保持张力均匀。

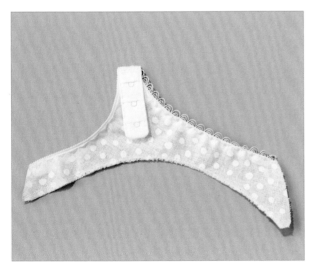

步骤11

在肩带对应位置缝上3眼钩眼带，注意钩眼朝外向下。将肩带放在钩眼带上缝合固定，然后再打套接。

步骤12

把完成的下罩杯放在外罩杯后面，通过外层下罩杯上的对位记号加上里衬使其立起来，从对位记号位置开始到外层罩杯上边缘缝合固定。为了获得更多支撑，可以在后中心线处使用四排钩扣和钩眼带。

在罩杯里加插袋

可以在上下罩杯里侧加插袋来放置假体。这些插袋甚至还可以放进一块"饼干"大小的衬垫来增大一个或者两个罩杯，或者在一侧乳房比另一侧大时用来平衡胸部，也可以从腋下区域加一个插袋使胸部从腋下区域看起来更圆润。插袋可以手工缝入成品文胸，也可以机缝进文胸中。通常用柔软的针织物或起绒棉织物制成。

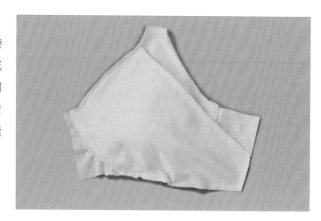

做一个上罩杯插袋

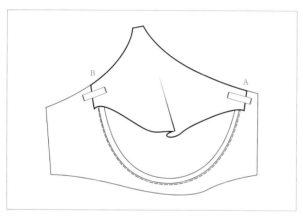

步骤1

从创建下插袋样片开始。将纸样平整放置，从点A到点B将上罩杯片沿净样线与土台连接。

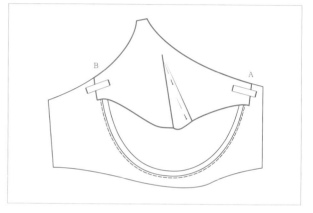

步骤2

从点A将纸样多余的量抚向罩杯中间，点B处重复操作。这些余量将形成一个省，这个量在拓印新的样板创建下插袋样片时会被去除。

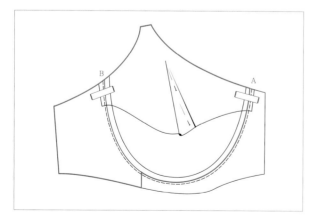

步骤3

接着制作重叠插袋纸样。保留下罩杯样片，再次根据罩杯片净样线拓印纸样，从肩带处开始向下到领口线再到前中心线，然后沿着罩杯弧线直至鸡心样片末端分割线，继续沿土台净样线至侧缝线，最后向上回到袖窿直至肩带。

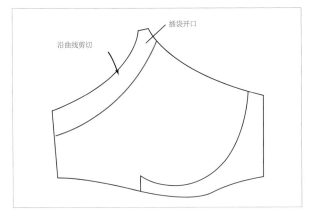

步骤4

从肩带内侧边沿领口线向下量取约2.5cm，画一条曲线到侧缝。这是假体放入口。拓印重叠插袋样片的最后纸样。

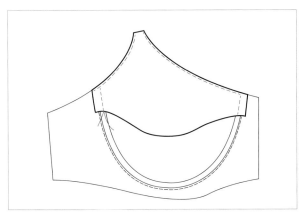

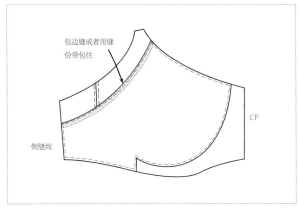

步骤5

在时装面料上裁剪出罩杯结构并将其与土台连接。用柔软的针织或拉绒棉面料裁剪下插袋纸样，放进罩杯里并沿着腋下边线、领口线以及上插袋的两侧缝纫。

调整假体合体性

如果需要制作一个适合假体的插袋，可能要改变罩杯的领口线，调整插袋的下边来更好地适应假体形状。

步骤6

锁边缝重叠插袋的开口边缘，或用缝份覆盖带缝纫。在罩杯上将它放在下插袋的顶部，从前中开始缝纫，沿罩杯弧线直至向下到土台位置，继续沿土台向侧缝线缝纫，再向上沿侧缝完成缝纫。

用弹性饰边向下缝纫装饰领口线。

做一个下罩杯的插袋

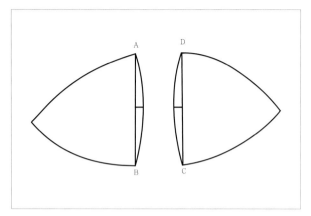

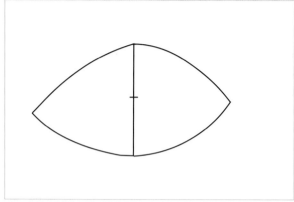

步骤1

使用第196页的两片式下罩杯纸样创建插袋样片。从点A到点B、点C到点D，画直线。

将新的形状拓到纸上，把两个罩杯样片拼接起来。

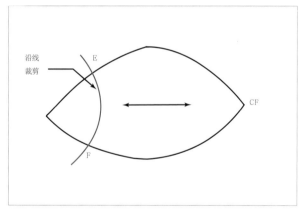

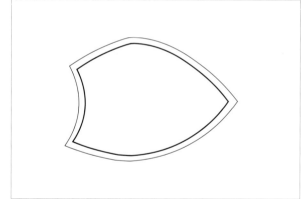

步骤2

从罩杯袖窿边缘，画弧线穿过罩杯一角，形成插袋开口，饼干形衬垫从此开口放进。

步骤3

拓印插袋纸样，每边添加缝份。

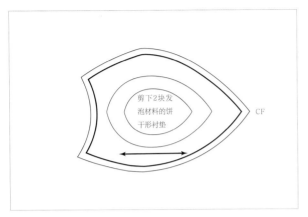

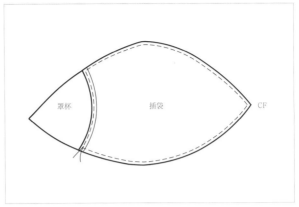

步骤4

在插袋纸样上制作饼干形衬垫。依据插袋内部的形状，画一个小的蛋型胸垫。如果需要更多的填充，可以再绘制一个更小的蛋型胸垫。

步骤5

要完成插袋缝制，先将插袋开口处缝份向下折叠并靠近折线缝纫。将插袋放在下罩杯里面，沿边缝合固定插袋。

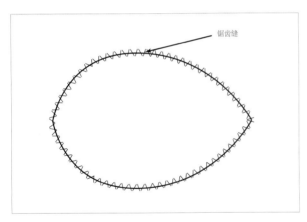

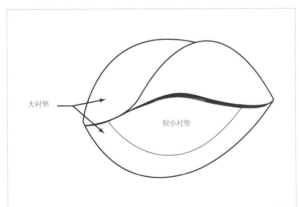

步骤6

剪出两个更大的饼干形状。把两个衬垫上下重叠放置，用锯齿形线迹沿周边缝纫。

如果要添加一个较小的衬垫，可以把它夹在两个较大的衬垫之间，然后再用锯齿形线迹缝合两个大衬垫。

支撑带和支撑环

支撑带和支撑环也被称为三角巾和支撑架，支撑带可以隐藏在罩杯里或切割成型放入罩杯。支撑环是在罩杯里面沿罩杯一圈的环状物，可以为罩杯提供额外的支撑，或者做成从罩杯到土台之间更为柔软的过渡。

在罩杯中加支撑带

这个支撑带的作用是稳固罩杯，它可以用对比织物或对比色制作。

把罩杯的三个样片缝在一起（见第208、209页），贴住并缉明线。连接支撑带的两个部分。

沿罩杯的外边缝纫支撑带，匹配对位点和下胸缝份。分烫缝份，用缝份覆盖带遮住缝份，最后辑明线。

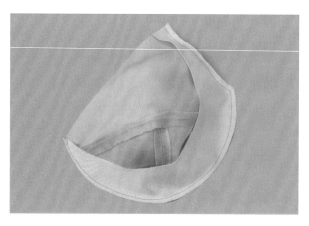

加一个罩杯里侧的支撑带

这种支撑带要比罩杯更小，给乳房的空间较小，因此能将其向上推。

把罩杯的三个样片缝在一起。把胸垫放在罩杯反面，匹配对位点。

缝合外边缘，将支撑带加到罩杯上。

给文胸罩杯加支撑环

现在的支撑环都藏在罩杯里，但可以考虑使用网布支撑圈来加强罩杯稳定性。支撑圈通过保持乳房超前的位置来给予最大支撑和提升。它能给较重的乳房最好的支撑。

制作罩杯，贴住缝份并缉明线。沿着最小拉伸布纹方向裁剪支撑环样片（见第210页）。

将两个支撑环样片在肩带和下胸围线的点缝在一起。绷缝支撑环内边缘。

把支撑环放在罩杯里，然后沿着外边缘缝合固定。

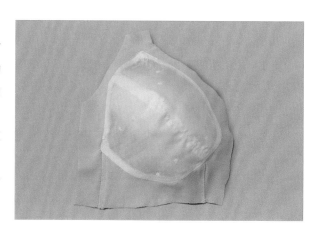

土台结构

土台后片结构取决于款式设计，或者是全土台还是部分土台。例如，全土台从鸡心到后中可以由两到三片样片组成。一些土台也会有腋下分割线。

部分土台

部分土台的鸡心可以在下边缘造型，例如加小孔，或鸡心位置再下降，只用蝴蝶结或者花朵装饰。土台可以用多种面料做成，前片和鸡心与罩杯或下罩杯面料搭配，后片用网眼面料。部分土台文胸的钢圈槽沿罩杯内侧一圈。在罩杯样片鸡心开始和结束处添加对位点是很重要的，保证鸡心两侧的罩杯缝制位置对称。

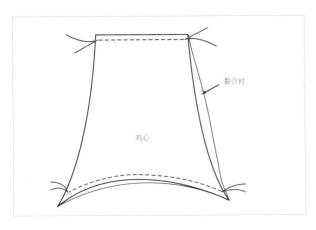

步骤1

为了完成后的鸡心背面更美观，可以沿上下边在正面和背面缝上热熔黏合衬。

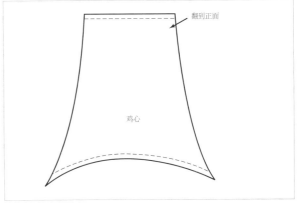

步骤2

翻到正面用手指按压。粘合前在上下边缉明线并转到步骤3。

或者，可以将鸡心下边缝份向下翻，用缝份覆盖带遮盖，直线缝固定。对于位置降低的鸡心片，可以采用同样的方式完成上边处理。

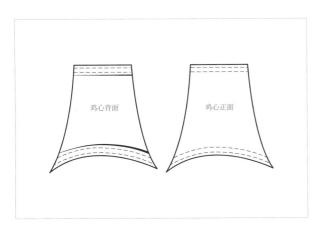

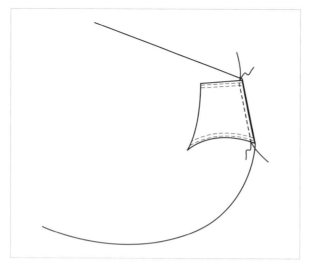

步骤3

将鸡心连接到罩杯上，确保与记号点对齐。

如果鸡心由网布制成，还需要与时装面料拼接，为了避免起皱，用网布最小拉伸方向，并将其放在时装面料下方，使用缝纫机的送布牙帮助控制紧度。

确定弹性带拉伸性

通常需要制作测试样来确定时装面料上弹性带的拉伸性。虽然不常见，但有时会遇到需要把弹性带拉伸至土台上的情况。在这种情况下，请确保弹性带能保持均匀拉伸。

步骤4

把所有土台的拼缝缝合。面料正面朝上，将松紧带放在土台下边缘，凸点边朝上，平边对齐土台边。使用宽2～5mm、长2mm的Z字缝固定。

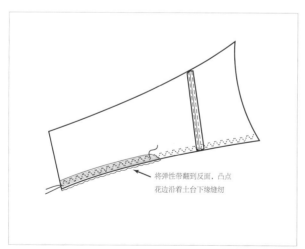

步骤5

把弹性带翻到反面或在土台后面，这样就可以在翻折线下看到弹性带的饰边或凸点花边。

用宽4.5mm、长1～1.5mm的三线Z字缝沿着下土台缝合，保持张力均匀。土台的下边应该平整略有小褶。

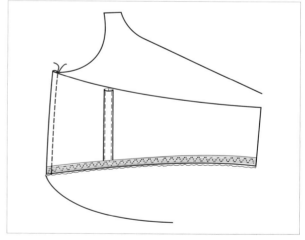

步骤6

用2～2.5mm针距的平直缝缝合土台与罩杯相连，当沿着下罩杯弧线缝纫时要减小针距来得到更平整的缝线。

全土台

全土台文胸可以覆盖罩杯下面的身体。土台的长度可以延伸到腰围线，这样文胸就变成了紧身胸衣。这种文胸有带沿罩杯一圈钢圈，或软罩杯。土台起着加强支撑的作用，可以用罩杯面料制成，或用弹性面料做成易穿款。

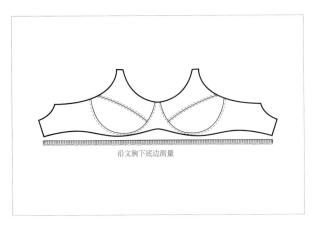

沿文胸下底边测量

步骤1

面料正面朝上，将松紧带沿着底边放置，磨毛面朝上，平边沿着土台边放置。测量土台长度再减去2.5cm作为松紧带长度。

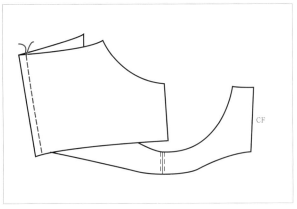

CF

步骤2

从鸡心开始到后片，把全土台上的所有拼缝缝合。

连接网布和面料时，将网布放在时尚面料或弹性较小的面料下面，机缝时利用送布牙来控制紧度。

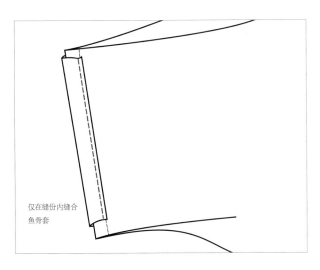

仅在缝份内缝合鱼骨套

步骤3

如果侧缝线处有鱼骨，距离土台上下底边6mm处做一条鱼骨保护套盖住缝份，沿着缝份边固定缝合保护套。

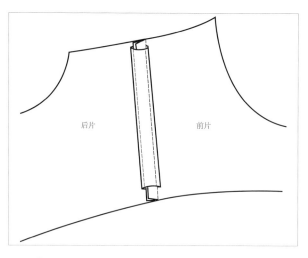

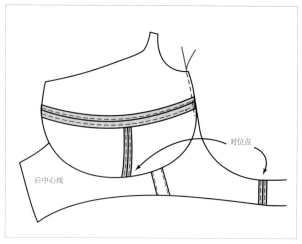

步骤4

缝份压烫倒向后片，沿着保护套压烫边，将其缝到后片上。

将松紧带与土台上下边连接后，再把鱼骨插入保护套中。

如果不加鱼骨，这个保护套也可以作为缝份处理。

步骤5

将罩杯与土台弧线连接。将罩杯和土台上的中间点或罩杯底点完全匹配，避免任何起拱或多余面料产生，然后平直缝合在一起。

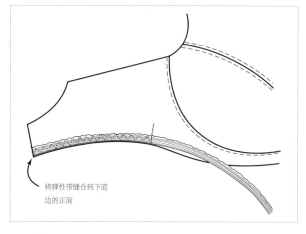

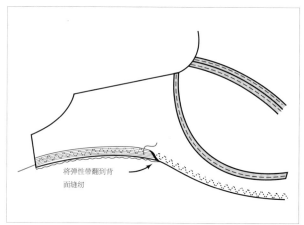

步骤6

参照部分土台制作步骤5到6（第248页），把弹性带与土台下边相连。

加入弹性带

当土台由弹性较小或没有弹性的面料制成时，可以增加弹性带来帮助提供合体性和舒适性。鸡心可以用弹性面料替换，土台前片也可以使用弹性面料，或在土台后片侧缝位置加入一块三角形弹性面料。根据面料的拉伸性能，切记弹性面料用量需要减掉1~1.5cm。

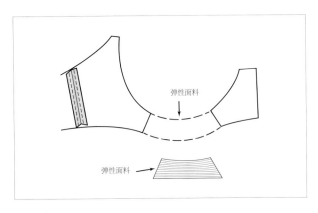

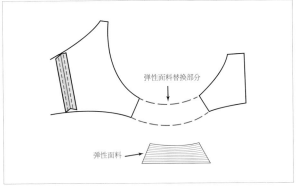

步骤1

在样片上需要更换弹性面料的位置作记号，这个位置可以是在罩杯正下方，也可以是侧缝处。拓印弹性区域位置。

给土台样片加缝份，移除弹性面料区域纸样。

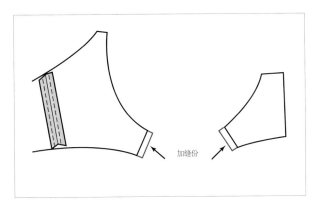

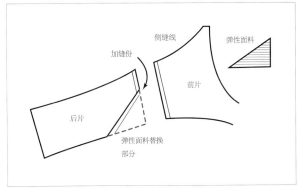

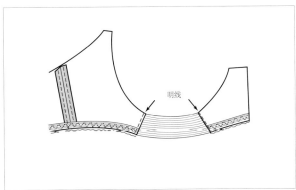

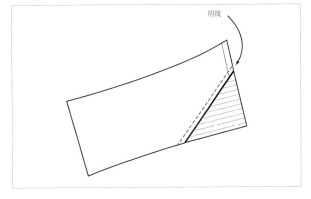

步骤2

将弹性带缝到土台上。压烫缝份倒向土台，缉明线固定。

在土台后片做一个"门"

可以在土台后片加一个带圆环的弹性三角形，这个环与一排钩和钩眼相连。它也被称为"门"，是网面或全蕾丝土台很好的一种处理方法。

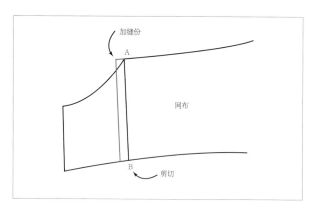

步骤1

首先调整土台后片纸样。如果土台后片使用网布制成，从后背弧线向下画一条直线，上端标记为点A，下端标记为点B。给这条线添加缝份。

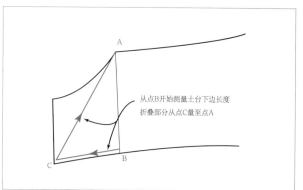

步骤2

测量点B到后中心线点C的长度，向下测量点A到点C的长度，并将两个测量值相加。这是需要剪下作为肩带的长度，用于制作三角形"门"。不需要给松紧带加缝份。将松紧带折出形状，用平直缝按照折叠线缝合固定形状。

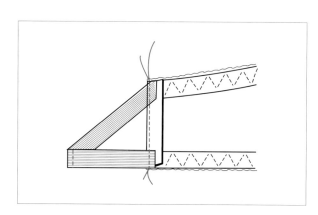

步骤3

修剪缝份之外的多余土台后片。

把磨毛松紧带和土台底边相连，凸点松紧带和土台腋下上边相连，参照部分土台的操作步骤5~6（见第248页）。把弹性三角与缝份相连。

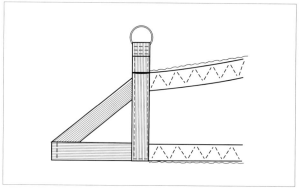

步骤4

将弹性带剪成10cm长两段。将其中一段的一端穿到圆环中，向下折叠，牢固缝合。

将弹性带放在缝份上，圆环高出土台顶边。向上折叠弹性带底端，使其形成一个开口在顶部的管状。从弹性带的一侧开始向下缝纫，沿底部边缘，再向上回到土台顶部的另一侧，形成一个鱼骨套。

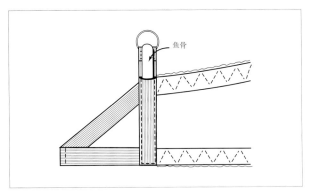

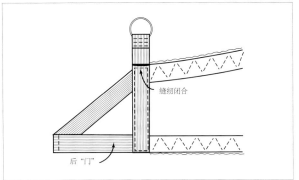

步骤5

剪一段1cm宽的塑料鱼骨，长度比保护套短6mm，并放进保护套中。

步骤6

在顶部缝合鱼骨套。鱼骨在此处起到防止土台被拉伸的作用，并确保弹性"门"位置固定，使其不收缩起皱。

连接单钩带和单眼带到文胸土台两侧的弹性门末端。

钩和钩眼带

钩和钩眼带被用作文胸的紧固件。可以是一排到三排，调整文胸土台到合体状态。需要额外支撑的文胸，例如哺乳文胸，有时也用四排。每排钩和钩眼在织带上的间距大约为2cm。

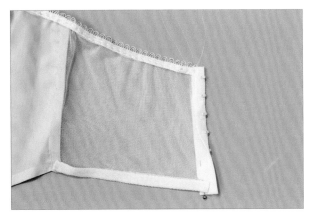

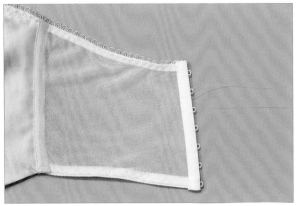

步骤1

将带钩带固定在后中片左侧，保证钩朝上，缝纫固定。

步骤2

将钩眼带固定在后中片右侧，缝纫固定。

也可以用缎纹刺绣针迹缝纫。

连接钢圈带

测量罩杯和土台相连处分割线的长度。剪两段长度为该测量值加5cm的带子。

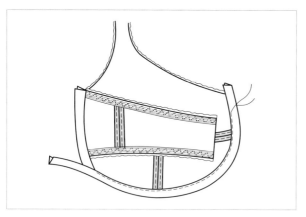

步骤1

将文胸放在一个平面上，反面朝上。折叠文胸，使鸡心、土台、其他罩杯等都在罩杯里，露出缝份。在缝份上确定钢圈带的位置，在两端多留出2.5cm的延伸量。

从前中心位置向下1.3cm开始，沿着钢圈带边平直缝，在距离腋下约2.5cm处结束，使缝迹只在缝份上，这样在正面就看不到。

领口线用弹性带包边（见下一节）。

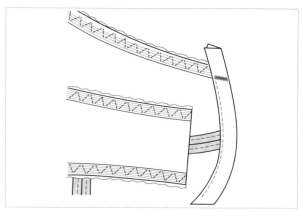

步骤2

在前中心线闭合钢圈带，在文胸上边缘下约1.3cm处打套结沿缝线只缝合钢圈带部分。这样不会在正面看出缝迹。使用宽2mm、长1mm以内锯齿形线迹缝合。

连接肩带和腋下弹性带（见下一节）。

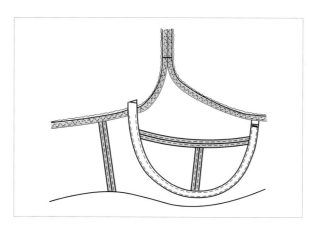

步骤3

对于全土台文胸，将钢圈带倒向土台，沿着罩杯在正面缉明线，位置从前中向下1.3cm处开始，距离腋下位置2.5cm处结束。不要缝到腋下弹性带上。

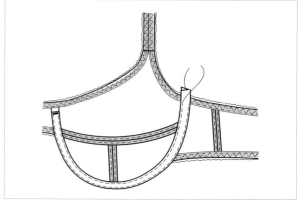

对于部分土台文胸，将钢圈带倒向罩杯里，缉明线固定，位置从距离两边1.3cm处开始和结束缝纫。

修剪背面多余的钢圈带使其刚好在领口线下方，和腋下位置里。

领口线处理

连接肩带前需要先处理好领口线，通常用精美的凸点饰边来处理。如果上罩杯有一个扇形领口线，则在领口线后，扇形边下连接一个纯弹力带。

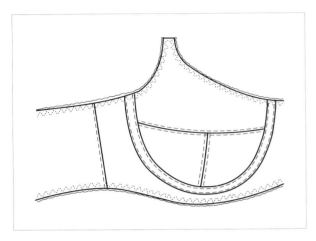

将弹性饰边沿文胸领口线正确放置，凸点饰边朝着罩杯里侧，和之前制作弹性土台一样（见第248页步骤5和6）。

用三线锯齿缝连接饰边和领口线，确保缝迹紧靠着弹性饰边的凸点侧。

把弹性饰边翻到文胸反面，用三步锯齿缝或常规锯齿缝固定，确保盖住前钢圈带的末端。必要的话，在背面修剪多余的钢圈带。

部分土台和全土台的腋下弹性带制作

将弹性带连接到土台腋下边的方法和将弹性带连接到部分土台下边的方法一样（见第248页步骤5和6）。在土台后中处留出5cm的松紧带延伸量。

如果需要在侧缝中加上鱼骨，先将鱼骨缝进鱼骨套，然后把弹性带翻到土台后面并用三步锯齿缝固定。在鱼骨位置需要放慢速度，使线迹在鱼骨上，这样才不会弄断机针。

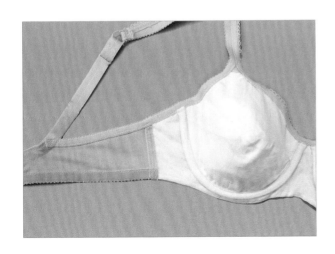

肩带

肩带可以用弹性带、丝带、管状带、透明塑料或珠串制成，所有这些材料都可以进一步装饰。圆环和调节扣称为配件或辅料，可以加到肩带的前面或后面。肩带可以通过打套结的方式连接到土台后片上；弹性肩带可以自身向后折叠成一个三角形的环或者可以沿着土台后片上边缘弧线造型并在后中心点处结束。前肩带可以用一个环或圈与罩杯相连，或者固定缝合在肩带或肩带延伸点上。

如果上罩杯有肩带延伸片，将肩带在此处缉两行明线连接，然后再缝合腋下弹性带。

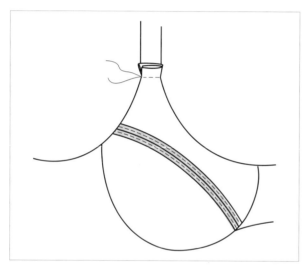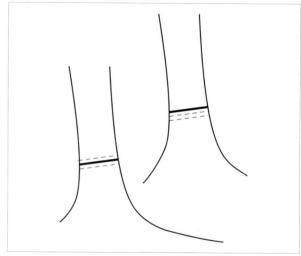

可拆卸肩带

制作可拆卸文胸肩带，需要在肩带两端加上一个可拆卸的G形钩。在文胸顶部的肩带位置缝上一段大小与G形钩匹配的环状弹性带。在肩带背面装入一个G形钩而不是圆环，然后穿上调节扣。在土台后背位置用弹性带做一个小环使G形钩能穿过去。

弹性肩带和调节装置

如果已经将前肩带与罩杯相连，就需要在后肩带上添加调节扣。

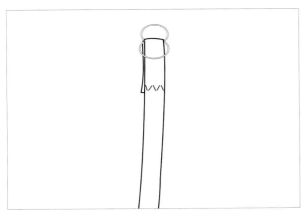

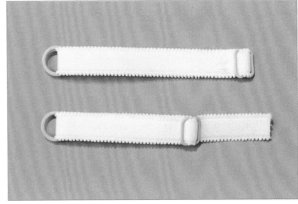

步骤1

将弹性肩带向上穿过调节扣并折回来，用细窄的锯齿缝牢固缝合。

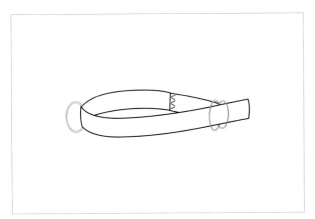

步骤2

将肩带的另一端穿过圆环然后通过调节扣。

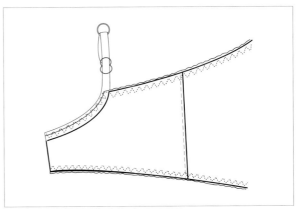

步骤3

将肩带从后中心线处开始沿着后片弧线铺平。用平直针或可伸长的三步锯齿缝，从后中心线开始沿弧线至顶端，缝纫肩带内侧边缘。换一边沿肩带中间位置从上向下缝纫直至后中心线位置。修剪多余的面料。

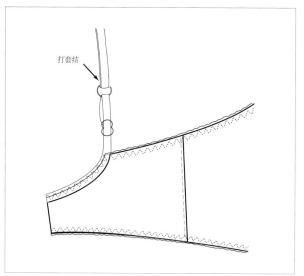

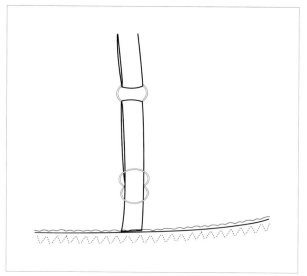

步骤4

将前肩带末端穿过圆环，折回去，用套结稳固缝
纫。

步骤5

如果后土台没有弧线，将后肩带直接连在土台后
片的肩带位置就可以。先用平直缝固定，然后打套结加
固。

丝带或管状带

在连接这些特殊肩带前先完成领口线和腋下线的缝纫。
将丝带或管状带穿过圆环。

将丝带或管状带一端从后面向上穿过调节扣并遮住调节
扣中杆。

向后折叠并牢固缝纫。

将丝带或管状带另一端向前穿过调节扣，并固定在土台
后部的肩带位置。

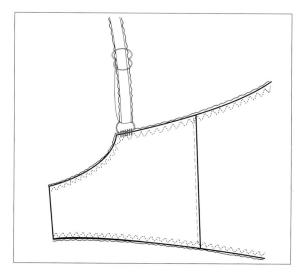

钢圈

现在可以将钢圈从腋下处放入钢圈带中，打套结固定。

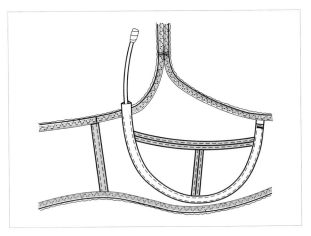

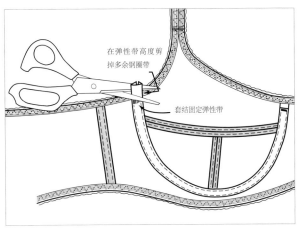

在弹性带高度剪掉多余钢圈带

套结固定弹性带

步骤1

在腋下钢圈带的末端，将钢圈涂色端或是较短端沿着罩杯弧形穿进钢圈带中。确保钢圈在钢圈带里，而不是在钢圈带和文胸之间。

步骤2

和完成前中心线的方法一样，完成腋下处钢圈带的处理，见第254页步骤2，但是这时在弹性带上面缝合钢圈带。不要折叠钢圈带。

9 装饰与刺绣

　　装饰和刺绣可以用来夸张细节，添加趣味性，体现个性化并美化设计。新娘过去常常需要赶工几个月来制作各种嫁妆，包括迷人的手工刺绣和装饰精美的内衣。通过回顾那些在经典高级内衣和睡衣上的装饰，可以获得大量灵感。

左页图　饰以鹳羽毛的贴花双绉真丝睡衣，可能出自约1935年的法国

分离链式线迹

分离链式线迹是一种装饰服装简单又常用的方法，可以作为分散状填充单独使用，或与其他绣花线迹配合使用。线迹可以成圈组合形成雏菊状花型。

运用颜色添加细节
　　固定线迹部分可以用对比色来赋予花瓣更多细节。

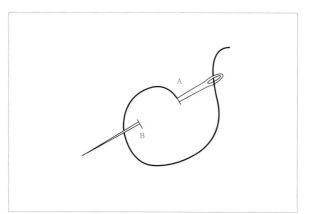

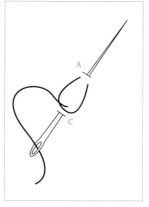

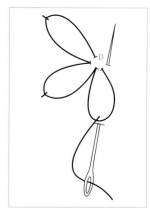

步骤1

将针带在面料正面，在点A插针到背面。将针穿入面料背面的整个步骤中不要拉紧绣线——在面料正面保持一个圈状。用拇指压着线圈，将针从面料正面线圈内的点B穿出。

步骤2

压住线圈在点C缝小一段线迹，完成一个简单链式线迹。

步骤3

如果想通过环状线迹来创作一朵花，那么让针回到面料正面点A旁边的点D，然后重复步骤1和2。

法国结

法国结可以用来标记一个点，比如花心，给设计赋予机理状的阴影效果，可以呈均匀分布的点或堆积的点。

如何打结

　　将针穿过线时，用拇指压住缠绕在针上的线。同时，不要用力拉线否则这个结将随着针穿到面料后面。

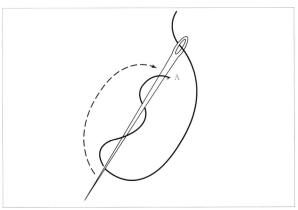

步骤1

　　在点A处将针穿到作品正面，保持线程拉紧，距离出针处保留约3.8cm线长，将针尖绕线两圈。

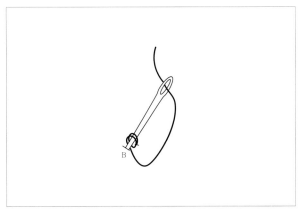

步骤2

　　仍然拉紧绣线，转针回到起点，并重新插入接近第一次出针位置，记为点B。当针穿回面料背面时，将针上的线圈滑脱至面料上，形成一个小结。

条形线迹/条形结线迹

条形线迹可以成组散布使用，或组成花状图形，尤其是玫瑰或树叶。

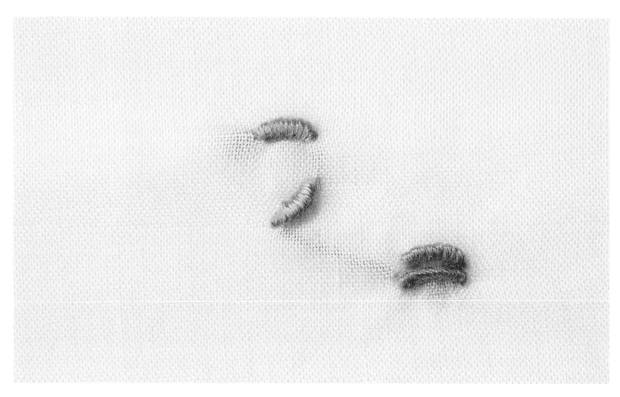

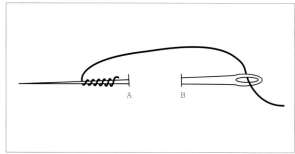

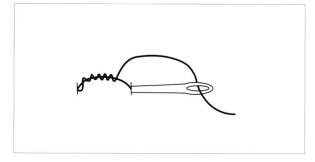

步骤1

将针从点A穿出带到面料正面，并从点B处穿进织物，完成需要的一个结的长度。将针尖再次在点A处从背面带回正面，穿过面料时不要拉针。

在针周围绕5～10倍或更多的线形成条状卷曲。绕圈的数量将取决于结的长度。

步骤2

抽针将线穿过线圈时保持线圈位置不动。在点B处插入针，拉到面料反面。

条形结玫瑰和花蕾

条形线迹和条形结线迹是一种多用途的手工绣花线迹。可以用单串线圈来制作考究的小玫瑰和花蕾，也可以添加线圈来制作更大更饱满的玫瑰花。还可以将线迹组合在一起形成薰衣草的茎，或将一个条形结当作一片叶子。

创造阴影效果

使用一根彩色线或者用两种以上的颜色来创造阴影效果。

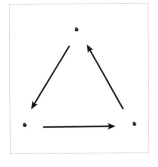

步骤1

要绣一朵玫瑰花，如图所示，首先完成一个条形结三角形。

步骤2

在第一个三角形的顶点上形成第二个三角形，添加超过条形结长度的更多缠绕线圈，可以使结形成卷曲，用于制作花瓣，最终形成玫瑰花。

制作花蕾时，需要将缠绕在针上的第一个条形结向左绕或者向右绕，然后平行于第一个条形结，与它线圈缠绕方向相反，制作第二个条形结。可以在这两个条形结的两边使用不同颜色的分离链式线迹，制作幼芽或者花托。

凸点饰边

凸点饰边多用在下摆和服装边，已经成为所有优质内衣的设计细节。凸点饰边可以手工缝制，也可以购买现成饰边。凸点饰边可以小而精致并靠近边缘，也可以更大，进行更多表现。

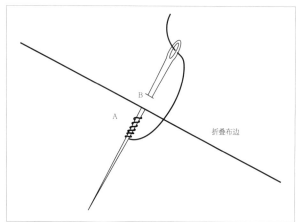

步骤1

将针穿过点A处服装上已经处理好的折边，顺着条形结方向在针上绕线。使条形结卷曲来形成半圆形并将针在点B处重新穿回折边，针后形成一个小结并锁紧。将针回到折边的内侧大约6mm处，重复前面点A处操作，继续沿着底边制作形成一排小圈。

用不同线迹制作凸点饰边

这里已经展示了条形线迹制作凸点饰边，也可以使用链式线迹或锁边线迹来完成（见下一页）。

空花绣

空花绣是一种先在面料上绣出设计稿，然后再剪掉一些面料的表面刺绣技术。锁眼和平缝线迹是两种线迹，但黎塞留刺绣作为空花绣的一种，用作组合技法，例如孔眼状，梯子状和凸点状线迹并且起到类似花边的作用。

锁眼线迹

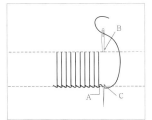

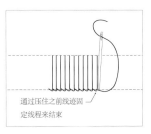

通过压住之前线迹固定线程来结束

步骤1

首先在点A处将针从作品基布上带出。重新插针到作品背面的点B处，并把针从点C下方带出，保证线在针尖下方。向上拉针形成一个线圈然后重复以上操作。

步骤2

结束时，通过将针向下插入并压在之前形成的线圈上方，在点C将针拉出，紧靠点C将针插进面料来固定线程。

孔眼

从中世纪到18世纪，在金属孔眼或金属扣眼可用之前，是用手工制作的孔眼来束紧服装。虽然可以利用机器来锁眼，但手工锁眼仍然更加光洁。已完成的孔眼边与面料边的距离需要大于6mm，否则由系带传给孔眼的张力可能导致面料磨损或孔眼边脱散甚至脱开面料。孔眼大小满足能穿过系带。小孔眼也可以用在底边作为装饰。

增加孔眼的牢固性

为了增加孔眼的牢固性，锁边时可以在线下加一个小钢圈或其金属垫片，这在五金店都可以买到。

9.1 在后背用穿过孔眼的束带来拉紧的裙子（Jean Paul Gaultier，2012年春夏）

步骤1

为获得一个孔眼，先用锥子或布锥穿过所有面料打一个小洞。如果可能的话，不要打破任何纤维，尽量展开面料来保证没有碎边。为了做到这一点，将尖锥放在面料上旋转，直到感觉锥子尖端穿透布面；继续扭转扩大孔径，使其略大于所需的孔眼大小，因为缝迹可以减少孔眼的直径。

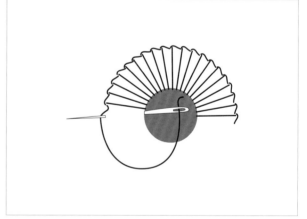

步骤2

沿着孔眼边等间距锁边。

梯状线迹

梯状线迹就如其名，并且还可以在梯状条间缝一段丝带来添加趣味或丰富颜色。它可以在时尚面料上手工制作，或作为一个花边加入到设计作品中。

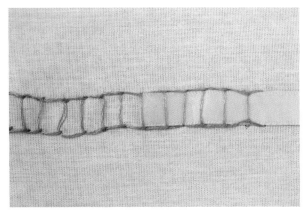

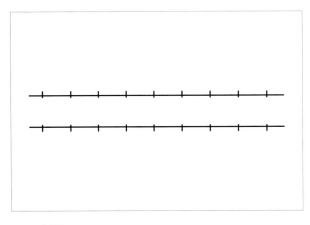

步骤1

首先在面料上画两条平行线，间距由穿过梯状条的丝带决定。标记线间条的位置。

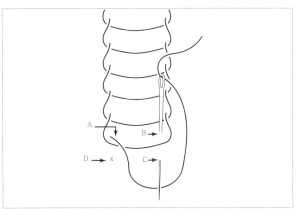

步骤2

将针从作品后面带出至第一个条上点A处，并缝一段线迹至对侧条的点B处。将针在线圈下方带入面料，并在标记为点C的下一个条出带出面料，并压住点C处线圈，在条上向面料内带针缝一小段线迹，然后再次回到第一侧，在点D处将针向外带出面料，保持针在线圈里面。如此将形成一个宽的链式线迹。

阶梯式梯状线迹

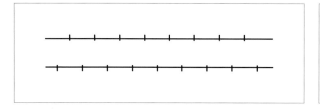

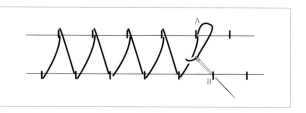

步骤1

参考梯状线迹步骤1（见第269页）标记面料，但条状的位置呈对角，使线迹斜向穿过丝带。

步骤2

将针从作品后面穿出，在第一条的点A处缝一小段线迹，然后在对侧条的点B处再缝一段线迹。沿着作品，向后和向前在每一个条的标记处，缝一小段线迹。

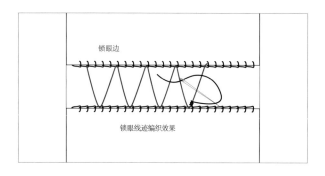

锁眼边

锁眼线迹编织效果

步骤3

仔细地沿条的中间剪开面料，向后折边，接着锁边。还可以沿着每个栏进行锁边，获得梯状缝的编织效果。

纸的运用

用纸代替面料进行标记，在纸上画出平行等间距的线。沿面料中心剪下面料，将毛边向内折并压烫。将折边和纸上标记的平行线对合，从边缘往回假缝大约6mm。使用标记好的间距参考线在纸上进行梯状线迹缝合。将纸拿掉，最后完成锁边。

束缝法

束缝法是一种装饰性的连缀缝法，用于连接两块面料；也可以使用花边或丝带；也可用于紧身衣的连接线迹，通常用在紧身胸衣或束腰前中心部位下。连缀线迹可以手工完成，也可以在一些缝纫机上完成，或者可以购买现成的连接边。

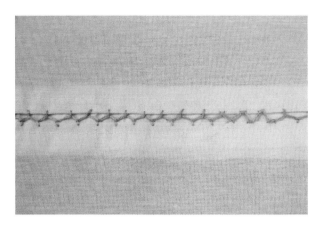

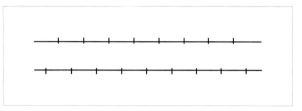

步骤1

将两条包边向后卷成小底边，暗缝或者车缝固定。将褶边假缝（粗缝）到结实的纸上，两条底边相互平行，相距3mm。手工操作距离会更宽，但必须保证有规律，并且自始至终张力相同。采用机缝，可以用热熔或水溶性黏合剂并且熨烫两条平行边。如果黏合剂是易熔的，就按照制造商指南操作或假缝固定。

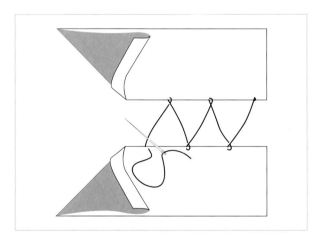

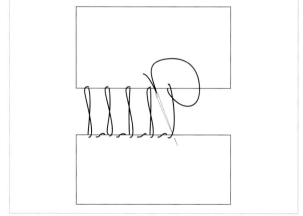

步骤2

从右手侧的顶部边开始连接。每次挑起约3mm的褶边，将针插入后续作品略向左侧的底部边。把线带到前面并在形成栏的位置后转绕缝线，然后把线重新插入褶边后面上方，略向左侧。

有许多不同技法。可以在褶边的垂直方向形成栏状并将针绕直线一圈，沿着底部边缝一小段距离把针带出。然后在下部边缘缝一小段反挑针线迹，到达下一个缝迹位置。

毛皮

毛皮可以作为一种装饰，特别是在睡衣上，毛皮玫瑰花结可以分散在表面，嵌入花边或其他透明面料，或者用在领子和袖口上。

有许多有趣的技术可以处理毛皮。毛皮是按单皮或者成板出售的；生皮可以缝制在一起，有全新的或再回收的。从肩膀到臀部，位置不同，毛皮细毛也不同。毛皮可染成彩虹色中的任何颜色，并且生皮可以缝制和雕刻。如果遵循一些基本原则毛皮就不难处理：

沿同一个方向处理每一张毛皮的细毛。毛发可以刷得平滑并隐藏接缝。

通常使用生皮机器拼接接缝，但也可以使用拷边机（锁边）或基础锯齿缝。

对于真正的平缝是沿着拼缝在背面抑制凸起的棱线并且在毛皮变干之前用手指或手掌在平板上抚平。

保证在背面用刀裁剪，以免剪断毛发。

在处理毛皮前在毛边处贴上热熔胶带，既可以提供支撑又可以防止边缘拉伸。

要做一个简单的毛皮花，需要剪一小块圆形或矩形的毛皮。用一块对比色的丝带折叠成蝴蝶结形状，注意尺寸小一点的放在上面。将另一个更小的丝带蝴蝶结放在前一个蝴蝶结上面，一起缝到服装上。

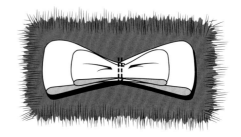

丝线

丝线用来固定钢丝和鱼骨，也可以应用于鱼骨的顶部和底部作为装饰。

丝线可以单色或用对比色。过去常用真丝或者棉质丝线，现在可以用人造丝或者金属丝来增加亮度。丝线可以用于成品服装处理。

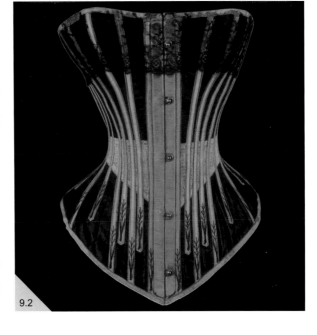

9.2　由黑色装饰丝线与红色材料制成的鱼骨形成强烈对比的巴斯克紧身束腰。

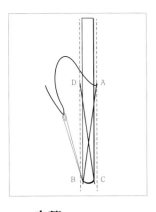

步骤1

使用打结线在距离鱼骨末端点A处约2.5cm处，将针从后面穿到前面。再将针重新插入对侧的鱼骨末端，稍微偏离中心线的点B处。缝一小段缝迹，将针在点C处带回。然后将针压在鱼骨上向上拉至对侧的点D处，再将针拉到后面。

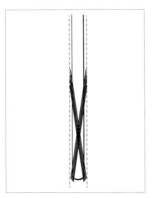

步骤2

将针通过鱼骨下方，并在点A处第一个缝迹下带回。在点B旁再次入针，在点C旁再次带出，再在点D旁插入。重复这个过程3~5次，然后在作品背面固定住缝线。

变化

可以在鱼骨中间朝下位置进行绣花，这样丝线可以变得非常有装饰性，闪耀星星和嫩小花枝也可以缝在鱼骨上。

棱纹织物

棱纹织物用于紧身内衣而不用于鱼骨。早些时候，紧身内衣上的窄条是在裁剪板上制成的。

平行线使用倒针或鞍形线迹手缝，然后在平行线间用细绳或者细线缝纫。随后，在剪开面料之前，用机器缝纫窄条，并增加一层帆布面料来增加强度。后来，出现了更优质、更实惠，并且非常柔韧、支撑性好的面料，它可以裁成紧身胸衣样片。提花垫纬凸纹布是一种更复杂的棱纹织物。

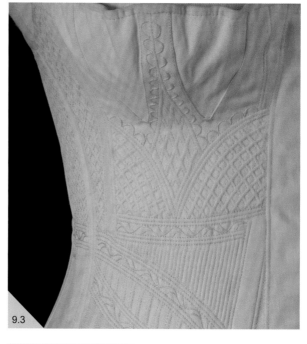

9.3 棉丝线绗缝或提花垫纬凸纹工艺并加上棱纹装饰的棉质胸衣，大约出自1830年

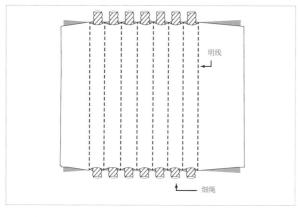

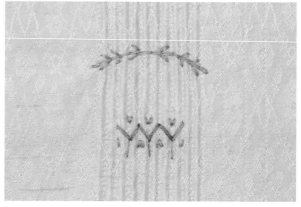

步骤1

在两层或者三层面料上缝制窄条，条宽以细绳可以穿进为准。将样片剪下，然后将细绳缝穿进并沿窄条边缝纫。

步骤2

如果需要的话，用丝线在窄条间装饰完成棱纹织物。

蜂巢布或定向缩褶

这是在网格点上完成的一个过程，用线把布料缝成常规褶或箱型褶。它有英式衣褶的柔韧性，但缺少弹性。

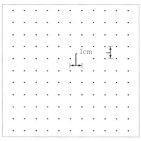

步骤1

首先在面料反面标记网格点。点通常是均匀的，间隔1cm。还可以使用现成的压烫转移纸。

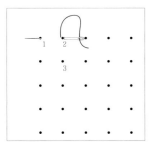

步骤2

使用绣花丝线，在点2处缝一小段回针，并将针在接下来相邻点1带出。

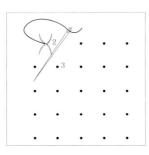

步骤3

拉线使两点聚集在一起。

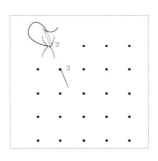

步骤4

入针回点2，并在下一行点3带出针。

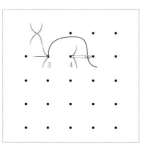

步骤5

缝一小段回针插入点4并在点3带回，将两点拉在一起。继续在两排点间上下交替。

尝试不同的缩褶效果

可以尝试用不均匀间隔的网格点改变衣褶的外观；也可以没有网格点，只是在面料上随意缝纫；也可以利用面料组织结构或者印花图案中已经有的网格图案。衣褶上可以用丝带制品（见第278页）和条形结玫瑰分散状或一体装饰。

鸵鸟羽毛

在第一次世界大战前几年，时尚女性对鸵鸟羽毛的需求导致羽毛价值变得超过同重量的金子，这使得鸵鸟农场主和羽毛商人非常富有。

在鸵鸟羽毛流行的巅峰时期，这些奢侈的羽毛有美妙的形状和大小，现在也同样如此。鸵鸟一年脱两次毛，有技巧的羽毛采集者会走过鸟群并轻轻地移走松散的羽毛而不惊吓到鸟儿。Drab是身体部分羽毛的名称——其中最小的羽毛来自腹部，尾部羽毛更长；最长的羽毛（尾羽）来自翅膀。雌鸟的灰色羽毛和雄鸟的黑色羽毛可以脱色、漂白，再染成任何颜色。羽毛也很容易和皮毛混合使用。

鸵鸟羽毛可以系到一段细绳上作为花边穗来卖，这是把它们连到服装上最快和最容易的方法。只要标记饰边位置并手缝固定即可。

如果细绳很硬或有凸起，就必须摘除它。羽毛在一个方向上被系在细绳上，这是它们脱落的方式。从这个方向开始，在细绳正下方用机器缝纫，随着缝纫过程逐步移除细绳。拉链或明显的绣花压脚会让缝纫更容易。

如果使用单独的羽毛，每一根羽毛必须在羽毛中间杆或羽径上反复缝纫几次，或者用热针刺入中间杆或羽径把羽毛缝到服装上。

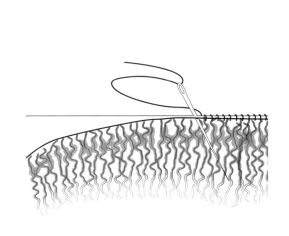

鹳的羽毛

在大鹳鸟翅膀和尾巴下的鹳羽毛是蓬松的白色羽毛。这种羽毛短，非常精美、细密、柔和，特别蓬松，沿着羽毛杆没有缺口。在19世纪，鹳羽毛制品有时用作皮毛替代品。今天在北非当地鹳鸟是一个受保护的物种，所以，常把小火鸡和雏鸡柔软光滑的羽毛当作鹳羽毛卖。它们廉价且容易染色。

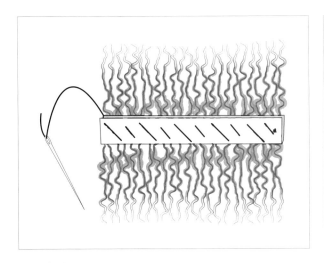

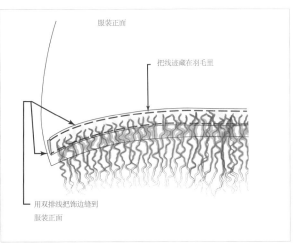

服装正面

把线迹藏在羽毛里

用双排线把饰边缝到
服装正面

步骤1

如果购买了散状羽毛，鹳毛必须连接到一种双层柔软的薄面料上，如中国丝绸或上等棉织细布，面料颜色与羽毛匹配。裁剪2.5cm带状织物并把它沿长度方向对折。将鹳毛背面朝上平放在桌子上，用针将带子固定在鹳毛羽干上。交替使用长约12mm和6mm线迹，在每个位置缝纫两条斜线将羽毛固定在带子上。

步骤2

要把鹳毛缝到服装上，需要先将前面缝好的羽毛带正面朝上放在服装正面。将羽毛提离带子并沿带子边缘用平针绣将其缝合到服装上；当把羽毛放回原来位置时，缝纫线迹将藏在羽毛下面。在另一边重复此过程。

丝带装饰

丝带有多种宽度、纹理和颜色，从纯丝绸到天鹅绒和轻薄欧根纱。丝带同样可以像其他纱线一样使用，可以制作法国结、条形绣玫瑰、分离链式线迹。丝带绣作品多见于20世纪20年代的时尚内衣。

需要一根能够穿过丝带的大眼针。使用短丝带来保持均匀、温和的张力。丝带需要轻轻处理，保持宽松和没有折叠。

一些基本的丝带绣针法在后面几页阐述。

丝带缝

丝带缝可以形成漂亮的小花、花蕾和叶子。

步骤1

在作品后面固定丝带，再将它穿到面料正面。用针尖在所需的线圈长度点A处固定丝带，将丝带从点A处回推一点，这样就不会把织物拉平，然后把针穿过带子中心拉至背面，注意不要拉太紧。

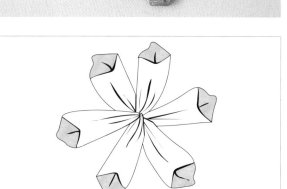

步骤2

可以沿环状缝纫这些线迹来形成一朵花。如果想给线迹增加一些转折，可以不将针通过丝带的中心，而在左手侧或右手侧拉到后面。可以在中心加珠子或法国结作为花心来完成花朵制作。

蛛网式丝带玫瑰

丝带也可以用来塑造一枝艺术风格玫瑰，就像由查尔斯·罗纳·麦金托什设计的玫瑰图案。

步骤1

在面料上标记玫瑰中心位置，画一个圆，尺寸大约是要完成的玫瑰大小。把圆分成五等份并标记。使用刺绣丝线或丝带将针从中心点带出，并在圆上第一个标记直针绣。从圆心到圆边重复这个直针缝法，直到完成五个均匀线迹。缚紧丝线或丝带。

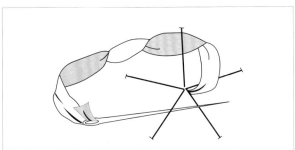

步骤2

再次用丝带穿针并在两条直线缝的中心点拉出，将丝带固定在作品背面。轻轻地扭转丝带，并将针按顺序在五个直线缝线迹下上重复穿入，直至编织出想要的玫瑰尺寸。将丝带带回背面并缚紧。

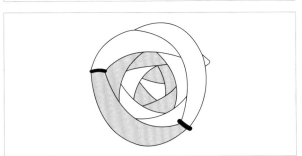

立体丝带花

丝带也可以制作立体花和叶子，直接单独用或与其他装饰混搭。通过不同长度和宽度的丝带简单滚边并收紧底部，然后缝合在一起，可以创作出许多不同种类的花。可以使用法国结、珠或丝带结制作花心。

在处理丝带时经常通过丝带宽度的倍数来测量所需丝带的长度。例如，一些花可能需要一个四倍或更多倍的宽度值作为长度。丝带卷边时，可以在边角处用一滴胶粘剂。将织补针或其他大型针斜跨丝带边角，然后将两边卷起，直到获得想要的花瓣形状。将针滑出，等胶黏剂干透。

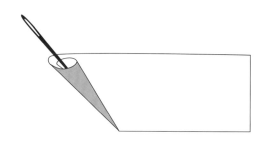

三色堇

为了让花更逼真，将后面两个花瓣用对比色，采用比前面的花瓣更宽的丝带。

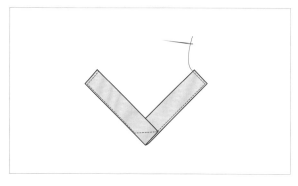

步骤1

剪两条长为4倍宽度的丝带来制作后面的花瓣。一端直角重叠，并将一条丝带的底部抽褶，把该侧向后和前面重合部分斜向重叠，将另一条丝带抽褶侧向前，留一小段线尾。线迹长度必须在6mm左右。

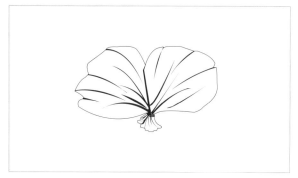

步骤2

松松地收缩丝带，形成两个花瓣。可以把花瓣加到裙衬后片或直接用到服装上。

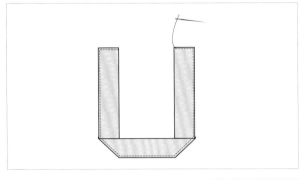

步骤3

对前面的三个花瓣，需要裁下长为一条12倍宽度的丝带。分为三段，沿对角线上将两段末端向上折叠并用针固定。沿着对角线从一端的顶部，向下到侧边，再沿折叠对角穿过底部向上到另一边缝纫，留下一小段线。

步骤4

抽褶并倒针在开始结处来形成一个小环。形成一个小的丝带结并将其固定在圆心，拉紧线头到面料后面。将三色堇上层花放在后面两个花瓣的顶部并缝纫固定。

叶子

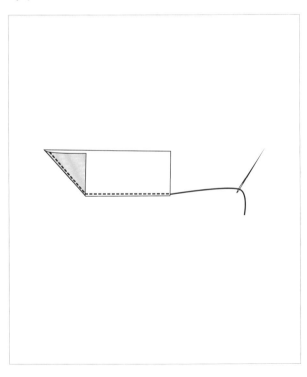

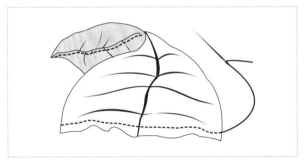

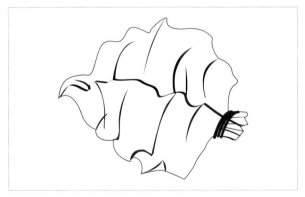

步骤1

剪一条5cm宽、2.5cm长的丝带，折叠成一半长度，并折回一个角。沿折边缩缝来裁切边缘。轻轻地向上抽紧缝线。

步骤2

在切口缝纫，并紧紧地聚集起来。打开叶子并缝纫固定。

丝带蝴蝶结

小的蝴蝶结通常用于内衣——作为一种装饰，或为了
隐藏肩带和服装连接部分。

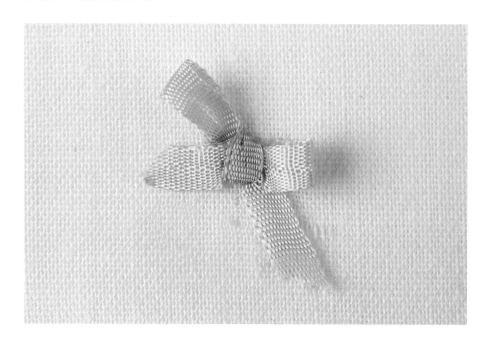

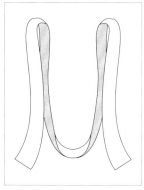

步骤1
将一小段窄丝带两端
折成环。一只手捏住一个
环。

步骤2
将一个环交叉放在另
一个环上，在中心形成一
个更低的环。

步骤3
将上层环拉向背面并
穿过较低的环，拉紧，形
成一个蝴蝶结。

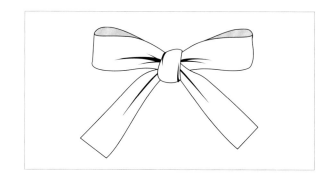

扇形边和花边

扇形边可以采用半贴边方式，可用对比鲜明的颜色，或用花边或包边来完成。可以使用部分缝纫机上有的装饰缎针线迹，或者使用翼针和装饰贝壳状线迹，它可以获得点针状接缝线来固定贴边，或者用在给扇形边加一条对比色底边时。扇形边还可以用作装饰。

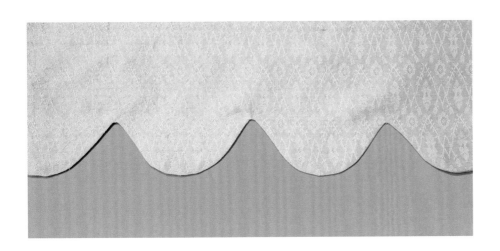

扇形褶边贴边

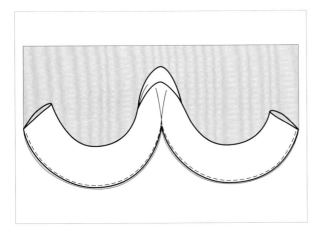

步骤1

根据扇面的大小在从中心到侧缝开始纸样底边绘出。添加缝份。沿斜向布纹或者横向布纹上剪出成品宽度4倍的包边，加上缝份。将包边对折并加到扇形边的背面。沿内侧弧线修剪缝份。

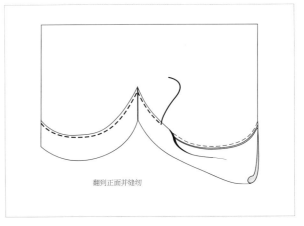

翻到正面并缝纫

步骤2

折叠包边盖住缝份，将它带到扇形底边的前面。紧贴着上折边缝合。

加在扇形边上的底边

在扇形边上加荷叶边或花边，可以采用对比色、印花、薄纱，或者亮底边来夸大扇形细节。

扇形边上的底边造型

使用1.5~2mm的线迹，可以让扇形边获得更好的圆弧形状。

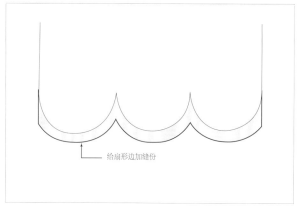

给扇形边加缝份

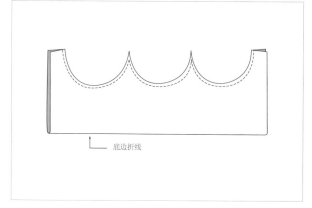

底边折线

步骤1

沿着折边缝合位置线，在服装衣身上标记扇形纸样（见第283页步骤1），并添加缝份。

步骤2

裁剪一块可以做成双倍底边的面料，这样折边就作为底边的边缘，标记扇形位置；添加缝份。沿着扇形边假缝，这样，当把它连到服装扇形边时，不会移动。

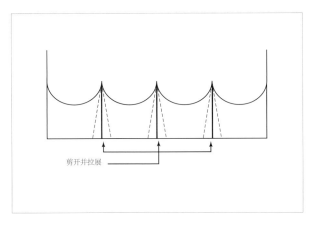

剪开并拉展

步骤3

如果要加荷叶边或波浪边，在打板纸上标记扇形位置。剪开纸样并拉展，从而为扇形边加入正确的松量。添加缝份。

步骤4

将底边面料缝到扇形边上。可以用装饰缎面或者针状线迹来完成接缝，这样有助于控制面料磨损。可以在缝纫机上使用一个翼针来创作装饰性成品——这种针的两侧有两个小凸缘，可以在缝纫时将面料纤维分离，保持小孔眼开着。因为小孔眼带为底边带来一种复古精品的效果，针也被称为底边缝针。

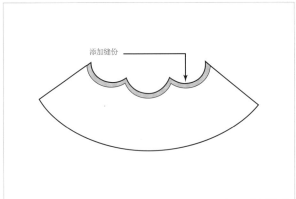

添加缝份

扇形边的变化

为领口或袖口添加一个扇形边来获得精美效果。添加荷叶边到扇形边上，可以领子增加褶皱效果。在将衬裙加到裙子前，在衬裙臀围线上加入扇形边。还可以用两排相距2.5～5cm的扇形边来塑造臀部育克。前开式或后开式的扇形领口线。

机器缝扇形褶边

缝纫机线迹如下所示。

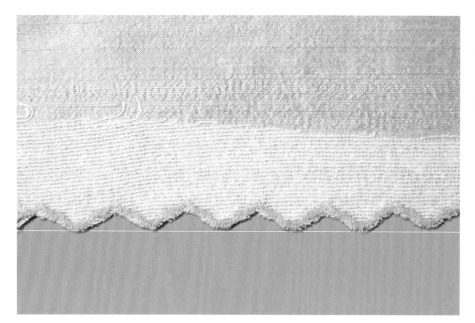

将需要处理成扇形边的底边上面和背面用黏合衬固定。

在黏合衬顶部标记扇形边样板并固定位置。

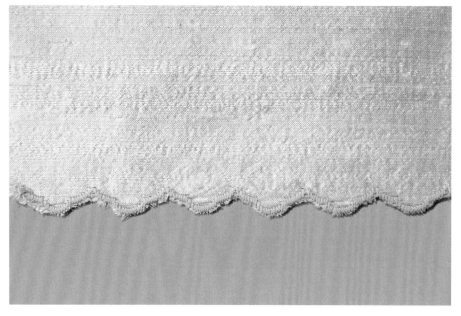

开始缝合，根据机器指南设置正确的缝纫参数。在缝合最后的褶边之前，事先试着缝纫一下来保证所有设置正确。

贝壳边

大多数缝纫机都可以制作贝克边，也可以在小卷边或者包边上手工缝合制作。

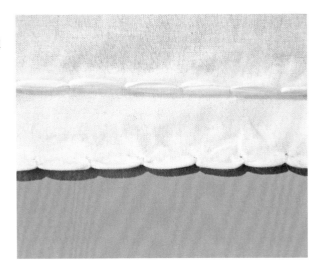

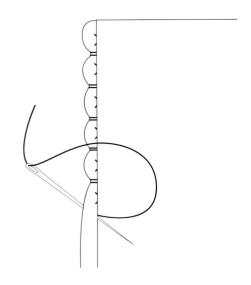

手工制作贝壳边

通过双折面料做卷边，并用手捏住固定位置。在面料折边上抽紧打结线并沿着折边顶部，穿过全部面料缝2～3段直针线迹，在第一个贝壳凹陷处结束。

将针和线缠绕底边一圈，在同一个地方将插入，然后拉线来完成线迹。在完全相同的地方将针和线第二次缠绕底边一圈，并拉出。将针移动约1cm并再次重复缠绕技法。

机缝贝壳边

这种边适用于柔软或轻薄的材料，制作内衣非常理想。

使用大多数缝纫机适用的4mm辊缝压脚，确保线迹有一个宽的装饰缝迹针口。可以使用一个锯齿线迹或贝壳边线迹。在压脚下固定面料并设置锯齿或者贝壳边线迹参数，保证其足够宽，可以压住边缘。纱线张力越大，面料边缘越容易被向上拉或缩进。

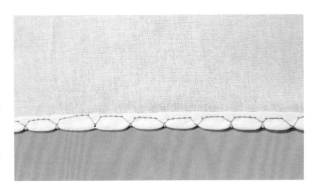

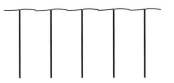

细褶

这是一类细窄的褶缝，距离折边大约3mm，常用在轻薄面料上进行缝制。细褶可以是纯粹的装饰，也可以用来创造和控制服装造型。细褶是传统经典服装的重要组成部分，经常和蕾丝和饰边一起使用。无论它们是按直线还是弧线缝纫，都可以为面料上添加肌理和趣味性。

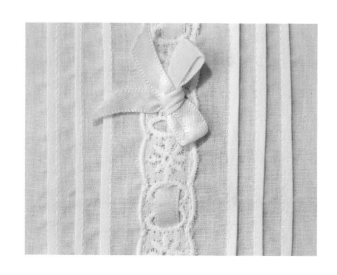

可以在细褶中加细绳，最简单和快速的方法是用细褶压脚，适用于大多数缝纫机。压脚底部有凹槽，褶就在这些凹槽里形成。压脚也可以作为间距指引，这样在做下一个褶时就不需要标记位置线。还可以使用双针，有或没有细褶压脚，都可以。双针可以有不同的间距，最小间距可以制作一个小褶。使用双针时需要两个线轴，所以可以使用对比色或金属线。调整机器的张力可以产生针间面料的突起部分；如果张力太松，只能得到两排线迹，并没有褶。

第一步需要估计打褶所需面料的量。测量相邻褶间的可见距离。每个细褶的用料量是这个量的3倍。褶宽加上可见距离，再乘以需要褶的数量，就是所需面料量。

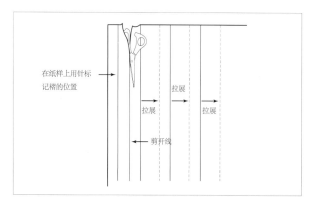

步骤1

在面料上裁剪纸样前，在样片上标记细褶位置。沿线剪下纸样，扩大或拉展纸样至加入全部褶宽。

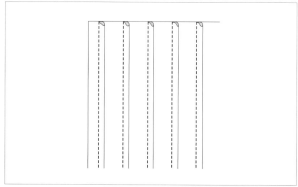

步骤2

制作褶时，用隐形笔或画粉在面料上标记褶的位置。沿每条位置线向下折叠面料，并在距离折叠线3mm处机缝。

麻花褶

当麻花褶沿服装水平一圈或沿躯干部分垂直向下时，可以作为纯粹装饰，如果打开褶可以增加裙子的丰满度。装饰性或对比色线迹可以添加额外的趣味性。改变褶的宽度和间距，可以获得一些有趣的效果。

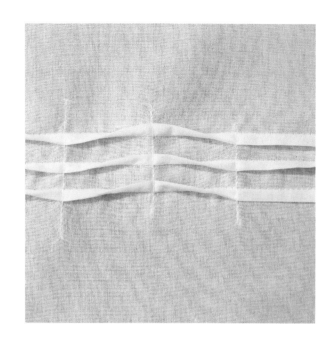

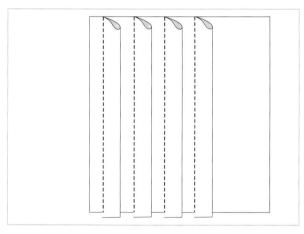

步骤1

按照前面估算面料量的指导并拉展纸样，作为常规细褶。尽管可见距离和褶宽可以比细褶更宽，这些细褶还可以拉展到更远距离。制作麻花褶的方法和细褶是一样的。

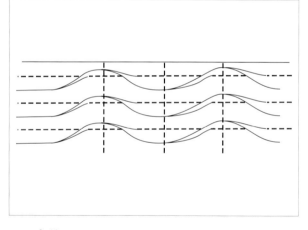

步骤2

先在褶上缉明线，线迹平行，但是方向交替改变。

内嵌蕾丝

在开始加任何花边位置之前，在蕾丝上喷洒淀粉定型并晾干。内嵌蕾丝沿着每条边都有一条拉线，可以用来抽紧或造型。或者可以用缝纫机和强力线沿蕾丝边跑一条褶边线。

步骤1

在面料上画出蕾丝位置。在面料正面放好蕾丝，并用大头针或假缝固定。

沿蕾丝边缘缝，使用小直线迹。

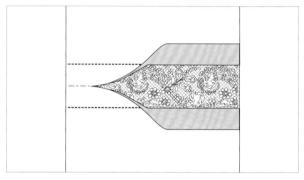

步骤2

在反面沿蕾丝中心线将面料剪开，并压向两边。

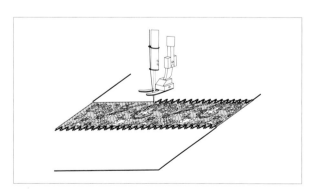

步骤3

使用1.5~2mm针距、宽3mm的锯齿线迹沿边缝纫，向下缝是为了保证锯齿横跨于面料和蕾丝上。这可以在嵌入蕾丝的每一边缝牢底边最终完成底边制作。

同样可以手工缝，用锁缝线迹将蕾丝缝到面料上。

步骤4

在背面剪掉所有缝份。

内嵌蕾丝也可以用于连接一个蕾丝或者面料的装饰褶边，通过用锯齿缝或手工锁缝缝合两种面料。

贴花

贴花是一种加到底面起到增加肌理或者装饰作用的小块造型面料片。可以手缝或机缝。贴花可以加在作品的正面或者背面，产生立体效果。

贴花缝

褶边线迹可以用来代替缎缝线迹，或者两者混用。

贴花可以手工暗缝。

使用对比色或金属线将使线迹特别突出。

当裁剪贴花形状时，添加6mm缝份。该缝份可以剪成弧线，在向后翻折缝份缝合每个花片前，可以修剪拐角处缝份。

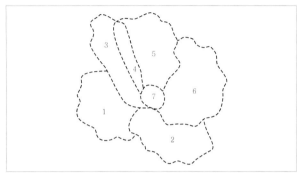

步骤1

用黏合剂固定面料基底的背面，使用机缝直针线迹勾勒出花样。这样更容易把贴花固定在正确的位置。

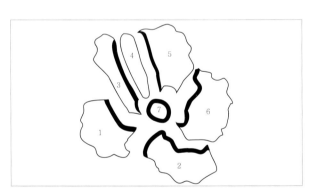

步骤2

为了更好地解决如何分割贴花片，通过在下层叠覆的每条边上加6mm缝份，这样在最终设计中不会有空隙。

步骤3

把花片放好位置。从最下面一块花片开始（这里2号花片在1号花片之后），在靠近切边位置假缝固定。

在前面所有花片按照步骤4缝好后，放置最后几块花片（4和7）。

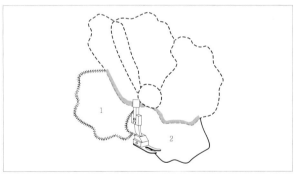

步骤4

使用缎缝压脚或明显的刺绣压脚，在花形周围缝纫，压脚的中心横跨在贴花边缘。在拐弯处和任何尖角处，抬起压脚并旋转底面来调整针的行进方向。

如果使用多个贴合并且边缘重叠，首先将背景贴花固定在底面上并且仅沿没被覆盖的边缝纫。这可以避免任何硬质边缘遮挡前景贴花。

系合紧身胸衣

正确地系合紧身胸衣后会非常牢固，使胸衣稳定不滑移。

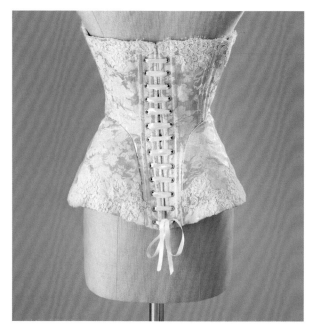

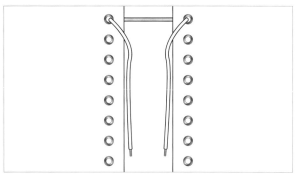

步骤1

将开口顶部将系带固定在胸衣孔眼后并将其中一端向上穿出胸衣左边孔眼，系带另一端穿过右侧孔眼。

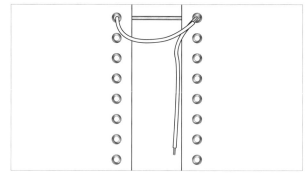

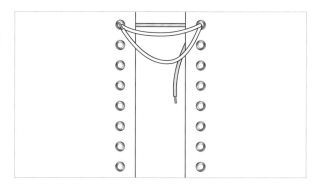

步骤2

把两边系带直接跨到另一侧呈直线状并将带子向后穿进孔眼。

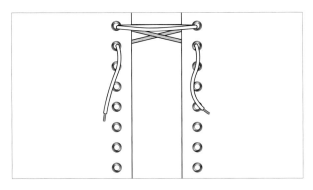

步骤3

在后面交叉系带，再从后向前穿进下一个对侧孔眼。

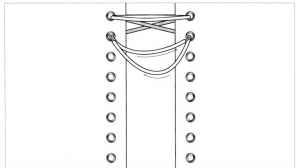

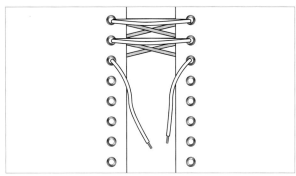

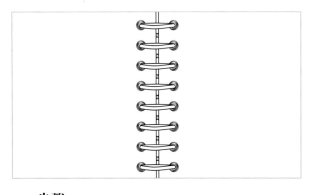

步骤4

保持两侧系带呈直线横跨至对侧并从前向后穿进该侧孔眼。重复步骤3，接着重复3和4两个步骤，直至开口底端。

空心扣眼环

因为内衣和睡衣是由柔软、轻质面料制成的，很容易由相配面料制成空心扣眼环。

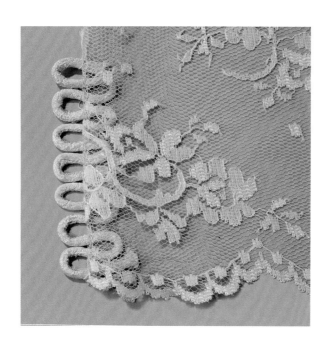

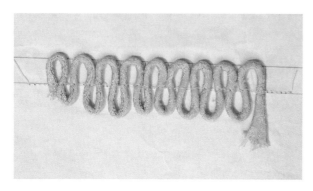

步骤1

制作空心扣眼环的第一步是制作一段空心带（见第8章233页步骤8和9）。

为了保持环均匀，先做一个纸样模板，在纸上画三条接近环区域长度的平行线。

标记其中一条线为拼接线。

在三条平行线之间标记每个扣眼环等分点，等分距离根据空心带和扣眼宽度确定——在内衣上扣眼环通常是保持小而扁状来保证舒适度。

缝纫纸模板拼接线，并向前向后扭转和折叠空心带制作空心扣眼环。

步骤2

将缝有空心扣眼环的纸模板朝下放置，环的顶部远离面料边，将纸板拼缝线在正上方对齐开口拼缝线。

沿纸模板拼接线向下缝纫，完成后，把纸从扣眼环上撕下。

工艺单

工艺单是在制板完成后制作的，将其交给工厂，包括所有的相关信息，如服装各部位的尺寸等。以下为范例。

日期：2016-7-1				季节：春夏		
名称：有钢圈加长文胸				风格：2011年		
面料：100%涤纶，尼龙，氨纶				描述：加长聚拢型文胸		
贴边：6X蕾丝贴花				品牌：帕梅拉·鲍威尔		
配件：肩带环和调节扣						
	局部	局部	样片	总长	草图	
下罩杯到胸点			7cm			
上罩杯到胸点			6.4cm			
胸点到罩杯腋下			11.4cm			
胸点到前中心			8.3cm			
上鸡心宽			2.5cm			
前中心带长			16.5cm			
下罩杯带长			7.6cm			
侧前带长			5cm			
下背带宽			17.1cm			
上背带宽			17.1cm			
后中心带长			13.3cm			
至调节扣肩带长	17.8cm肩带长度		带调节扣长26cm			
腋下上弹性带		27.3cm	35.6cm	62.9cm		
领口线弹性边和肩带	至前中心领口线长10.1cm	27.9cm 肩带长	总计38.1cm	全长76.2cm		
下摆弹性带						
钩和钩眼		钩和钩眼，共7副		总长13.3cm		
钢圈套			一边24.1cm	总共48.3cm		

备注/其他说明：34B 有钢圈文胸

词汇表

高弹性：与面料经纱布纹方向垂直的水平拉伸性能。

贴花：一种将小块面料缝到底布或者服装上的装饰。

袖窿：服装或者缝制样板袖窿的另一名称。

套结：多行短线迹，用来固定服装局部或者加强连接。

斜向布纹线：一块面料的对角线方向，和经纱和纬纱成45°角。

斜向包边：沿斜向布纹线方向裁剪的包边，有更好的拉伸性和灵活性。

斜向包边带：斜向包边的另一名称。

包边：条状面料折叠后用来包覆面料边缘。

灯笼袖：一种体量大、有抽褶的袖子。

原型纸样：基础纸样的另一名称。

骨架（鱼骨）：坚硬条状材料，原来由鱼骨制成，现在多用塑料，用来加强束身衣和文胸的支持。

硬棉麻布：一种手感硬挺、耐穿的棉或者麻面料。

臀部衬垫：一种香肠形状的垫子，环绕在后腰部分，作为臀部衬垫。

紧身衣硬质插条：紧身衣撑条的另一名称。

紧身胸衣：一种类似文胸的服装，长及腰部，既可作为内衣，也可以作为外套。

衬裙：一层穿着于裙子下的褶边或者衬垫，用以将腰下后背部分的裙子向外撑出。

纽扣门襟：加在开口上，用来缝制纽扣的贴边。

背带连身裤：一种将紧身衣和短裤结合的连体服装，也称为"无袖连体内衣"。

吊带背心：一种马甲状长及腰围的内衣，也可以作为外套。

钢圈套：一种呈管状的面料，缝在文胸上，用来包裹钢圈。

绗缝线迹：密集且间隔均匀的多行平行线迹。

查米尤斯绉缎：一种轻薄面料，其中一面有缎纹结构。

女式宽松内衣：一种宽松的衬衫式内衣。

连体装：背带连身裤的另一名称。

滚边：一种为服装添加管状的内包细绳面料条的技法。

人字斜纹布：一种紧致轻薄的梭织面料，主要用于制作紧身衣。

裙撑：一种硬挺的衬裙或者在裙子里穿着一种鸟笼状的框架来为裙子造型。

横向布纹线：面料中的纬纱方向。

透明薄裙：一种内衣风格的外穿女裙。

贴边：一种作为内衬或者服装内层，用来加强硬挺度的面料。

束针：一种通过在有一定间距的两块面料间填充装饰线迹的技法。

辅料：文胸中的非面料部分，例如别针、钩扣。

平接缝：一种向上翻折并且沿着服装外缘保持平整的接缝。

丝线绣：骨架或者细绳上的装饰线迹。

翼袖：一种宽松开放式的短袖，由轻薄面料制作。

支撑架：文胸强力带的另一名称。

法式阔腿裤：踢踏裤的另一名称。

法式接缝：一种将毛边折进并隐藏起来的接缝技法。

热熔黏合衬：使用熨斗和面料粘合的衬布。

花边：一种双侧扇形边的装饰和图案蕾丝贴边。

门：一种由三角形条状塑料制成的文胸紧扣装置。

抽褶线迹：一种简单的线迹，在拉紧面料时可以形成抽褶。

三角插片：三角形的插入片，为服装或者底边加入体积丰满度。

罗缎：一种厚重硬挺的梭织丝带，有条状肌理。

布纹线：面料中的布纹方向线。

衬布：一种硬挺的面料，用于领子或者开口部分，用来增加硬挺度。

灯笼裤：宽松、略长、短裤款式的内衣。

叠门拉链：一种拉链缝制形式，面料的一边覆盖在装有拉链的另一边面料上。

中式领：一种领子，在颈部周围呈立状的简单领型。

真丝薄绸：一种轻薄细致挺括的梭织面料，通常由棉或者蚕丝制成。

白坯布：一种基础的轻薄的棉布。也称为细棉麻布。

晨袍：一种短款或者长及膝盖位置的透明或者蕾丝状睡裙或者晨衣。

硬卡纸：一种用来制作缝制纸样模板的硬质纸。

臀部裙衬：在裙子下的一层褶边或者衬垫，用来使裙子两侧臀部位置外凸。

睡裙：常用轻薄面料制成的长款裙状睡袍。

彼得潘领：一种平的圆角翻折领。

细丝线迹：一种针脚很轻的线迹，仅仅从面料背面挑出几根线，在正面看不出针脚。

凸点饰边：一种饰边，沿面料或者弹性带边缘有一排细小线圈。

开口：在衬衫、裙子或者其他服装上的开口，使其便于穿脱。

强力带：适用在文胸内的弧形面料，用来增加支撑和强力，也称为支撑架或者支撑带。

连肩袖：一种向上连接到衣领并沿肩部弯曲的袖子。

塑料骨架：一种有弹性的塑料鱼骨材料。

正面：面料中有图案、印花、刺绣的一面或者最终处理完成的外层。

空心带：一条卷状或者折叠面料，用来制作肩带、环圈或者带子。

空心环：由空心带制成的扣眼环。

卷轴翻折器：一种将长条面料内侧翻到外边的工具。

锁边机：一种用松散锯齿形线迹进行锁边、缝纫或者包边的机器。

支撑带：强力带的另一名称。

基础纸样：一种未加缝份的基础样板，可以变换成其他纸样，也称为原型纸样。

饰褶：一种将面料抽褶，使其能够拉伸的技法。

撑条：骨架或者鱼骨钩的中心片，放置在紧身衣的前面。

压线缝纫：在面料正面沿着接缝线缝纫。

踢踏内裤：一种宽松、短裤式的内裤，常用缎子或者蕾丝制成。也称为法式阔腿裤。

无袖连身内衣：也称为背带连体裤。

样衣：由便宜的面料，例如白坯布制成的试制阶段服装（也可以用这个词表示该类面料）。

提花垫纬凸纹：具有凸起或者衬垫的纹样和形状的精致被子纫缝技法。

薄纱：一种硬挺的网眼面料，用于制作衬裙和面纱。

经纱：沿着面料长度方向排列的纱线。

经向拉伸：沿着面料经纱方向的拉伸。

纬纱：沿着面料宽度方向排列的纱线。

反面：面料的背面或者不处理的一面。

育克：一块或者一条面料，通常在衬衫或者裙子的上部，在它之下可以悬垂更宽松的面料。

译者后记

　　这是一本关于女性内衣发展史、设计、制板和工艺的全书。本书内容全面丰富、写法细致翔实，且具有强的操作性，是一本理论与实践兼具、实用价值较大的参考书。

　　译者在接受出版社委托后，本着尊重原著的宗旨，怀着认真严谨的态度，力求在翻译时既能够表达原意，又符合汉语表达习惯，并体现专业特点。在历时2年多的时间里，曾向内衣行业专家和知名内衣企业技术人员请教，反复斟酌，多次修改成此译著。但由于译者水平有限、经验不足，译著仍有改进之处。恳请大家批评指正，在此表深切感谢！

　　全书翻译工作中得到了谢未编辑的大力支持，她恰到好处的督促是鞭策翻译不断向前的动力。

　　感谢我可爱的研究生王梦颖、金昊、徐跃煊为翻译此书所做的工作。

　　还要感谢关爱我的家人，特别是一直默默支持我的妈妈。

方方

2020年10月27日